U0690373

生活因阅读而精彩

生活因阅读而精彩

一切改变，从

欣赏

开始

夏子轩 ⊙编著

中国华侨出版社

图书在版编目(CIP)数据

一切改变,从欣赏开始 / 夏子轩编著.—北京:
中国华侨出版社,2012.3

ISBN 978-7-5113-2203-6

Ⅰ.①一⋯　Ⅱ.①夏⋯　Ⅲ.①人生哲学–通俗读物
Ⅳ.①B821–49

中国版本图书馆 CIP 数据核字(2012)第 028915 号

一切改变,从欣赏开始

编　　著	/ 夏子轩
责任编辑	/ 梁　谋
责任校对	/ 吕　红
经　　销	/ 新华书店
开　　本	/ 787×1092 毫米　1/16 开　印张/17　字数/238 千字
印　　刷	/ 北京建泰印刷有限公司
版　　次	/ 2012 年 4 月第 1 版　2012 年 4 月第 1 次印刷
书　　号	/ ISBN 978-7-5113-2203-6
定　　价	/ 29.80 元

中国华侨出版社　北京市朝阳区静安里 26 号通成达大厦 3 层　邮编:100028
法律顾问:陈鹰律师事务所
编辑部:(010)64443056　　64443979
发行部:(010)64443051　　传真:(010)64439708
网址:www.oveaschin.com
E-mail:oveaschin@sina.com

　　缤纷多彩的世界，瑰丽多姿的生活，让心怀纯真向往美好的人们充分感受着无尽的人生之美，欣赏也就由此而生。

　　欣赏就好比一株娇艳欲滴的玫瑰，心生美好的人看到的是美丽的花朵，而心生烦闷的人看到的是扎人的尖刺；欣赏也好比仰望同一片星空，有的人看到的是闪烁着小小光芒的星辰，有的人则看到的是星辰之外的黑暗……可以说，有无欣赏因人而异，如何欣赏因心境而不同。

　　面对一塘池水，懂得欣赏，我们看到的将是"泉眼无声惜细流，树阴照水爱晴柔"的温婉与美妙，如果不懂得欣赏，我们则只会看到死水一潭；面对冰天雪地，懂得欣赏，我们看到的将是"孤舟蓑笠翁，独钓寒江雪"的诗情画意，如果不懂得欣赏，我们则只会看到寒彻而孤独的孤独与失落……应该说，只有在会欣赏者的眼中，只有带着欣赏这一独到的眼光，这个世界才会流露出美感。

　　一般说来，每个人都具备欣赏的眼光，也都有着需要别人欣赏的心态。但遗憾的是，由于人性本身存在的弱点，很多时候让我们欣赏自然景物容易，而欣赏人则显得困难；或者欣赏离自己很远的人容易，而欣赏离自己很近的人则不易。更由于人类所共有的"我是最好的"的特点，总会让我们对他人的优点和长处不屑一顾，甚至嗤之以鼻。

所以说，能够善于发现并欣赏别人的长处，确实不是件容易的事。正是如此，历史上伯牙鼓琴的故事引得古往今来的人们深深赞叹。

俞伯牙是楚国的音乐家，善弹琴，却一直曲高和寡。唯独樵夫钟子期，懂得去欣赏，能够感悟到俞伯牙的心境。因此两人成为"高山流水"一般的知音，并结为兄弟。第二年，钟子期不幸病死，俞伯牙则因知音不在而摔琴，从此不再弹奏。

流传千年的"知音"故事，早已成为惺惺相惜的"英雄识英雄"的典范。它告诫着身处繁杂社会中的我们，要懂得欣赏，要乐于欣赏，欣赏人生，欣赏磨难，欣赏自己，欣赏同事、朋友、爱人、孩子，甚至欣赏我们的对手。学会了欣赏，我们才算是达到了做人的至高境界，我们的人生才是快乐的，成功的，充满着旺盛生命力的。

说到底，欣赏是一种心态，是能够严于律己、宽以待人的宏伟气度；欣赏是一种胸襟，是能够视他人的长处和才情为自己不断努力学习和进步的动力；欣赏是一种滤尽了一切利益渣滓的从容，让我们在面对缤纷的繁华时不会茫茫然。

当我们懂得用欣赏的眼光去审视人生与世情，便会发现原来一切如此美好，我们会由衷地感激自己能够有幸成为宇宙中的一个生命。

如果你想实现这一至高境界，如果你想拥有豁达的人生，如果你想赢得周围人们的欣赏和欢迎，那么请阅读此书吧，它将带你进入人生的一个更高层次的世界。请记住：只有学会欣赏的人生才是最亮丽的人生，让我们欣赏的眼光，洒向周围的每一个角落吧！

第一章

要改变我们的心情,先改变我们的视角
——学会用欣赏的眼光看世界

　　欣赏,就好比甘甜温润的巧克力,让人食之美味无比;欣赏,又如同一场淅淅沥沥的春雨,滋润大地上的花草树木和庄稼;欣赏,恰似一缕温暖的阳光,为人们赶走冰冷的心绪……拥有欣赏,我们能够和朋友相处得更加融洽;拥有欣赏,我们可以和同事相处得更为和谐;拥有欣赏,我们便可与爱人更易相亲相爱……如果我们对别人多一些欣赏,如果我们更为坦然地接受别人的欣赏,那么,我们周围的世界将会更加绚丽无比!

第二章
只有自我接纳，才有良好的自我感觉
——学会用欣赏的眼光看自己

　　跻身茫茫人海之中，当我们凝眸远望，不难发现，欣赏本身就是一道绝美的风景。应该说，美好与自信，都源于一个人对于自己人生一往情深地欣赏。一个人只有懂得欣赏自己，才能有强大的信心来面对琐碎而忠实的生活。我们可以像聆听音乐那样倾听自己内心的声音，也可以如品香茗一般品味自己，还可以像看画展那样欣赏自己……我们可以把自己当成无尽荒野里的翠绿树木，或者藏匿深山之中的迎风的雪莲，不管外界环境如何，单有我们对自己的那份陶醉和欣赏，就足以令我们闲庭信步于旖旎的妙境之中。

第三章

绽放你的生命,活着不是一场苦旅
——学会用欣赏的眼光看生活

　　如果询问宇宙对于我们有什么意义,那么提问的前提就是我们实实在在存在着鲜活的生命。应该说,世间最为珍贵的,莫过于生命。因为生命的存在,让我们感受着人生的酸甜苦辣,喜怒哀乐,与此同时,我们的身心得到了磨砺,得到了丰盈。带着这样的情怀,让我们学会把握实实在在的生活,不去在意世俗的名利和虚荣;让我们拥有并懂得珍惜,不去追寻无谓的痛苦和烦恼。若如此,便是快乐美丽的人生了。

第四章

微笑对于一切痛苦都有着超然的力量
——学会用欣赏的眼光看磨难

　　有一首诗，里面有这样几句："假如生活欺骗了你，不要悲伤，不要心急，忧郁的日子里需要镇静，相信吧，快乐的日子将会来临。"其实，在我们的生活中，随时都可能遭遇凄风冷雨，磨难随时都有可能来到我们的面前。对于磨难和痛苦，我们要拥有一颗乐观的心，用微笑来面对它。因为磨难和痛苦并不是阻碍我们前进的路障，而是推动我们前进的"大手"。所以，我们应把它看作一笔宝贵的财富，让我们的心灵更加充实，让我们的内心更加充满力量。

第五章

视工作为乐趣，人间就是天堂
——学会用欣赏的眼光看工作

　　工作，是我们谋生的手段，更是帮助我们体现自己价值的"伙伴"。对于工作，我们要让它成为生命的内在需求，成为展示我们智慧和才华的舞台。这样，即使忙碌，即使苦累，我们也能体会到人生的幸福和成长的快乐。正如有位哲学家说过的："工作就是人生的价值、人生的欢乐，也是人生幸福之所在。"所以,当你把工作看作是一种快乐时,生活就会变得很美好;而当你把工作看成一种任务时,生活就变成了一种奴役。

第六章
尊重对手是风范,更是心智成熟的表现
——学会用欣赏的眼光看对手

有人的地方就会有竞争,有竞争自然离不开对手。而对手给予我们的,不仅仅是危机和斗争,它还是一剂强心针,一部推进器,是能够激发我们求生和求胜之心的动力。如果我们怀着宽广的胸襟,用欣赏的眼光看待完美的对手,那么我们就会明白争一时不如争千秋的道理。所以在现实生活中,不要埋怨那些令你跑得很累的人,恰恰是他们,才能使你跑得更快!好好感谢他们吧!

第七章

能当上领导，必然有过人之处
——学会用欣赏的眼光看上司

很多上班族总爱抱怨工作如何不顺心，老板如何提出了不合情理的要求，似乎觉得自己进了错误的公司，跟了错误的老板。换个角度想，或者换位思考一下，你不妨在一张纸上，把老板的优点和缺点都写下来，总会发现老板的优点。比如，他非常霸道，但是对事业很投入，很能吃苦。与其抱怨，不如学习。虽然员工的职位在基层，但员工的眼光不能像井底之蛙。上司偷师，学习上司运筹帷幄、通盘考虑问题、交流沟通的能力。

第八章

别怨他人没能力，想想自己有没有眼力
——学会用欣赏的眼光看下属

当你成为一名领导者，你会发现你需要处理更加复杂的问题，工作也更加繁重。如何正确、合理地对待下属，如何让下属立刻喜欢自己，怎样树立自己的威信，怎样激发下属的热情，怎样让下属佩服自己，是每个领导的必修课。

第九章

营造温暖如春的工作氛围
——学会用欣赏的眼光看同事

因为工作，我们和同事相遇；因为缘分，我们和同事每天共同进出同一个地方。但同时，也因为竞争和较量，让我们很难用欣赏的眼光看待同事。可是，我们也不要忘了，我们和同事是一个战壕里的"阶级弟兄"，只有大家互相欣赏，共同协作，才能打赢一场又一场漂亮的职场之战。这不仅对于个人，而且对于团队，对于整个企业都是大有裨益的。

第十章

友谊不是三月桃花一现，而是松柏四季常青
——学会用欣赏的眼光看朋友

"朋友"是一个温暖的字眼，它为我们的内心注入汩汩暖流，让我们感受友谊的珍贵和生活的美好。同时，朋友身上所具备的种种优良品行，更值得我们去欣赏和学习。同时，也只有懂得欣赏朋友，我们才会更懂得欣赏生活，欣赏自己，欣赏世间一切值得欣赏的东西。

第十一章

永远都有"人生若只如初见"般的美好
——学会用欣赏的眼光看爱人

"前世的五百次回眸，才换来今生的一次相遇"，按此推论，两个人从相遇、相知到相伴相守需要几世的轮回？而这，正是上苍赐予我们的爱的际遇。于是，我们不得不感叹缘分之奇妙，爱情之神奇！于是，我们期待，我们渴求这份爱永远存在，永远保留热度。而要想实现这一点，我们就一定

要学会欣赏对方。当然,想要做到欣赏伴侣,我们必须从行动中做出表示。只有这样,你和你的伴侣才能感受到那份浓浓的爱意,让你们的爱之花绚烂绽放,永不枯萎!

第十二章
发自内心赞赏孩子那些闪光点
——学会用欣赏的眼光看孩子

欣赏是开发孩子潜能的利器,是引导孩子攀上成功之巅的阶梯,是造就天才的天堂。每个幼小的生命仿佛都是为了得到赏识而来到人间的。事实上,每一个孩子都有很多可取之处,他们每天都在争取着或大或小的进步。而父母的夸奖在这里则起着"催化剂"的作用。你的孩子无法做到十全十美,但你一定要看到他的每一个闪光点、每一个进步,支持、激励他能以良好的心态去迎接每一次挑战。

第一章

要改变我们的心情，先改变我们的视角
——学会用欣赏的眼光看世界

欣赏，就好比甘甜温润的巧克力，让人食之美味无比；欣赏，又如同一场淅淅沥沥的春雨，滋润大地上的花草树木和庄稼；欣赏，恰似一缕温暖的阳光，为人们赶走冰冷的心绪……拥有欣赏，我们能够和朋友相处得更加融洽；拥有欣赏，我们可以和同事相处得更为和谐；拥有欣赏，我们便可与爱人更易相亲相爱……如果我们对别人多一些欣赏，如果我们更为坦然地接受别人的欣赏，那么，我们周围的世界将会更加绚丽无比！

用欣赏的眼光看世界

在文学名著《飘》中，梅兰妮说过这样一句话："假如你用挑剔的眼光看待这个世界，那么你眼中将是遍地荆棘。"换句话说，如果我们总是用欣赏的、善意的眼光看待我们周围的一切，那么我们的生活就会充满温暖的阳光。

事实上，我们生活的世界是一个五彩斑斓的世界，我们能否快乐地生活，在于我们是不是以关注与欣赏的眼光来看待这个世界。

当然，欣赏绝不仅仅是视觉的感受，它是一种发自内心的愉悦的体验，凭借着我们情感的触角，感知这个世界的美好。

正是因为欣赏，才让我们人生的岁月呈现出生命的轻盈与快慰；正是因为欣赏，才让我们的人生展现着如此深邃而丰富的姿容；正是因为欣赏，才让我们的人生可以笑对苦难，并甘之如饴。

对每一个人来讲，欣赏堪称实实在在的享受。无论什么时候，也不管什么地点，只要我们懂得欣赏，我们的心情就会阳光灿烂。但是，欣赏是个"挑剔"的家伙，它只给那些有着美丽而高雅情怀的人，而不会给没有爱心的人，也不会给缺少情趣的人。也就是说，欣赏这种幸福的感受，是只有少数人才能享受到的。

可是，谁不想成为其中的"少数派"呢?因为我们知道，懂得了欣赏，我们便会拥有快乐；懂得了欣赏，我们便懂得享受；懂得了欣赏，我们便走近幸福。

而那些"多数派"却往往是不停地奔波与忙碌，而疏忽了关注和欣赏。以至于抱怨会时不时从他们的嘴边被倾吐出来:生活真累,太不容易了;总像打了鸡血似的面对每天的繁杂事务,可到头来又觉得什么都没得到,空虚得要命;真恨不得一天 30 个小时,那样或许就不至于这么紧张了……

诸如此类的说法和想法,其实除了客观因素带来的责任之外,更多的还是由于内心忘记了欣赏这一调剂身体与心灵的良药。

钱钟书先生曾经说过:"洗一个澡,看一朵花,吃一顿饭,假使你觉得快活,并非全因澡洗得干净、花开得好或者菜合你口味,主要因为你心上没有挂念,轻松的灵魂可以专注于肉体的感觉,来欣赏,来审定。"

其实,大凡真正懂得欣赏、善于欣赏的人,总是会无时无刻不在欣赏自己的生活,哪怕他们是跋涉中的风雨,还是黄昏里的归舟,抑或孩童蹒跚的脚步、岁月镌刻的皱纹……他们都会用一种欣赏的态度来充斥自己的双眼,来丰润美丽的心灵。

既然如此,我们何不学着这些人,让自己放慢匆匆前行的脚步,以一种超脱的心境,认真体味生活的每一个细小而又平凡的片段,用心欣赏身边的每一处良辰美景。只有这样,我们才能在世界的琐碎与喧嚣中,寻找到生命的真谛,创造出更多的快乐和更大的幸福,我们疲惫的心灵之舟也才会找到停泊的宁静港湾。

看看我们的世界吧,有花有草,有山有水,有风霜雪雨,有春夏秋冬,几乎每时每刻都在不停地变化着,难道这不值得我们去欣赏吗?我们生活的周围,既有欢笑,又有伤怀;既有团聚,也有分别;既有胜利,也不乏失败……哪一种,不都是我们生命中值得留存的记忆吗?它们,怎么不值得去欣赏呢?

当我们懂得了欣赏,也便懂得了感悟,而我们的生活也就越发滋润和惬意。因此,我们为何不学会用欣赏的眼光看待这个世界呢?

欣赏，让你的人生之路安然顺达

"人的内心最深切的心理动机，就是获得别人的欣赏。"应该说，被人欣赏是一种与生俱来的需求和渴望，从呱呱坠地开始，我们的内心深处就会自觉不自觉地从父母、老师、亲友、领导抑或部属那里寻找被欣赏的快乐，当这种渴望实现时，许多潜能和真善美的情感便会被奇迹般地激发出来。

因此，当我们欣赏别人，就能够给对方以抚慰和鞭策，还能够把人的潜能充分地激发出来去争取更大的成功。而欣赏别人的同时，我们自己也培养起了良好的道德情操和善纳百川的胸怀，这为我们前进的道路奠定了坚实的基础。

一位西班牙学者说："智者尊重每个人，因为他知道人各有所长，也明白成事不易。学会欣赏每个人会让你受益无穷。"

在一个暖洋洋的春天的午后，露露和妈妈一起在公园散步。正走着的时候，露露看到一个打扮得很滑稽的老奶奶，在那么暖和的天气里，她却紧紧地裹着一件厚厚的羊绒大衣，脖子上还围着一条厚厚的围巾。

按常理来讲只有在天气寒冷的时候，才会这么穿。于是，露露拽了拽妈妈的衣襟说："妈妈，你看那位老奶奶的样子是不是很可笑呀？"

没想到，妈妈的表情一下子变得严肃起来，她沉默了几秒钟说："露露，妈妈突然发现你缺少一种本领。"

"嗯?"露露疑惑地望着妈妈,有些不知所措。

"你不懂得去欣赏别人。这说明你在和别人的交往中少了一份真诚和友善。"妈妈继续说道。

听了妈妈的话,露露有些不服气,甚至觉得妈妈有些小题大做了,于是就问妈妈:"你难道不觉得那位老奶奶的样子很好玩?"

妈妈说:"我和你的看法非常相反,我觉得她非常可爱,我很欣赏她。"

听了妈妈的话,露露感到很惊讶,为什么妈妈的看法和自己有这么大的不同。

这时候,只听妈妈说道:"你看,她穿得那么厚重,有可能是生病刚好,身体还不太舒服。但是你有没有注意她的表情,她总是认真地注视着每一棵吐绿的树木,甚至连一片细小的嫩芽都要仔细地关注半天,当她看到盛开的花朵和树木的时候,她的表情多么生动呀!难道你不觉得她很可爱吗?这些足可以说明她渴望春天,喜欢美好的大自然。所以,妈妈被这位老奶奶而深深感动!"

听完妈妈的话,露露刚才"较劲"的劲头没有了,取而代之的是温和的注视。她这才发现,那位老奶奶的确如妈妈所说的,眼神里饱含着某种渴望,她漾起笑意的脸上仿佛在表达着内心的喜悦。

妈妈领着露露走到那位老奶奶面前,微笑着说:"阿姨,您对这些花草树木注视的神情真让人感动!"

只听老奶奶说:"谢谢您!春天真美好呀,我真的不想错过每一个细节。"

"您让春天变得更美好了!"妈妈说道。

老奶奶对着露露和露露的妈妈笑了笑,然后对露露说:"你真漂亮!你还有一个好妈妈……"

事后,妈妈对露露说:"妈妈希望你能够学会真诚地欣赏别人,因为每个人都有值得我们欣赏的优点。一旦你这样做了，你就会获得更多真诚的朋友。"

通过这个小故事，我们能够领略到你喜欢别人，别人也就喜欢你，你欣赏别人，别人也就欣赏你的关系哲学。就像古语所说的："欲将取之，必先予之"，"汝爱人，人恒爱之"就是这个道理。

但是，在我们的现实生活中，很多人不愿去欣赏别人，这其中，有的人是不懂得怎么去欣赏别人，有的人是对身边美好的事物熟视无睹，有的人则以自我为中心孤芳自赏。不管是哪一种"不欣赏"，都会导致我们将周围本来可以融洽的关系变得紧张，甚至阻碍我们的进步和发展。

那么，我们怎样做，才是对他人最好的欣赏呢？

首先，我们要看到别人的长处，并想办法赞美它。不妨留意一下，在我们周围的每个人，其身上都有着独特的长处或闪光点。如果我们能够发掘到这些长处和闪光点，并表达自己的欣赏之意，那么对方自然会心情愉悦，并回报我们以友好和欣赏。

其次，我们在赞美别人的时候一定要真诚。有时候，欣赏可以表现为眼神的注视，但更多的时候还是需要用语言将赞美的话表达出来，这样，别人才更能够真实地感受到。只有这样才能达到真诚欣赏他人的目的。所以说，在我们欣赏别人的时候，用语言真诚地赞美他人是必不可少的要素。

最后，我们还要学会在欣赏中向别人学习。对别人表示出我们的欣赏和赞美，并不是单纯为了获得别人的好感，与其建立良好的人际关系。更重要的，是要我们向别人学习，将别人的闪光点"拷贝"到我们自己身上，让我们更加优秀。这才是欣赏最具价值的地方！

其实，每个人由于生活环境、成长经历的不同，导致看问题的角度和处理问题的方法都不尽相同。如果我们多用一点欣赏的眼光看人看事，那么就会给我们的生活增添一份美好,给前进的道路减少一分阻力,给生命的旅程撒播一粒粒可以开出鲜花的种子。

欣赏,让你的职场旅途一路花开

创建积极和谐的工作环境,打造一支出色的工作团队,是当今职场不管是老总还是员工都津津乐道的话题。毕竟,我们生命中有三分之一的时间都在办公室度过,而工作环境的好坏直接影响到我们的心情,我们的效率,乃至我们的业绩。

因此,能否处理好复杂的人际关系显得至关重要。有时候,或许只是一件微不足道的小事就有可能是一场冲突的前奏,一旦处理得不妥,矛盾可能会日积月累,我们一直为之努力的工作和生活,很可能就此受到破坏。

而如果我们懂得了欣赏,情况则会大为不同。因为当我们学会了欣赏,就能够赢得别人的尊敬,获得别人的配合,从而让我们能够游刃于纷繁复杂的职场环境。

可以说,一个人学会了去欣赏,实际上是一件很幸福的事。除了上面提到的欣赏的种种作用,我们还能够因此而收获更为宝贵的财富——自我提升。

就如孔子所言:"三人行必有我师,择其善而从之。"当我们学会了欣赏,就会汲取众人之长,脚踏实地地做些自己力所能及的事,在不懈的努力中一定会找到自己的位置。终有一天，我们也成了别人眼里的风景，能够给予他人以启迪，我们的生命会因此而更加充实。

查尔斯·史考伯是美国钢铁大王卡内基选拔的第一任总裁，他曾经说过这样一段话："我认为，使员工振奋起来的能力，是我所拥有的最大资产。让一个人发挥最大能动性的方法，是欣赏。再没有什么能比上司的批评更能扼杀一个人的雄心的了……我赞成鼓励别人工作，因此我总是迫不及待地去欣赏别人，却很讨厌挑别人的错误……我在世界各地见到许多成功人士，还没有发现有哪一个人，不管他有多么伟大，地位多么崇高，不是在被欣赏的情况下比在被批评的情况下工作成绩更好、更加勤奋努力的。"

无独有偶，通用电气的前任首席执行官杰克·韦尔奇也是一个人见人羡的欣赏高手。他常用一些"老土"并且比较花费时间的方式来表达他的欣赏，比如他经常用手写便条来表示对下属的欣赏。韦尔奇总结自己时说："给人以自信是到目前为止我所能做的最重要的事情。" 他的欣赏，带来的效果总是立竿见影，也正是如此，由他所带领的通用电气成为利益增长含金量最高的地方，也是让很多人无限向往的地方。

每一位读者朋友都知道，身在职场，我们总会与方方面面的同事打交道，既要面对上司的苛刻要求和指导，又要应对性格截然不同的同级同事，还要尽量说服和自己不同价值观的下属。凡此种种，如果没有一双欣赏他人的慧眼，没有包容别人不足之处的宽广胸怀，要想在职场游刃有余恐怕不是那么简单的事。

老祖宗告诉我们：得道多助，失道寡助。能够在职场建立和谐的人际关系，使自己拥有一个好人缘，这是每一个身处职场的人提高自己情商修养的重要目标。如果做不到这一点，那么我们的职业生涯发展的高度必将十分有限；相反，如果做到了这一点，情况必然大为不同。而这其中的

"道",就是要我们学会欣赏他人。

当我们学会欣赏他人,便能够得到他人的欣赏,相应的,我们就会获得良好的人脉。

前面我们提到,每个人都有被欣赏的心理需求,如果我们对同事表示出欣赏,不管是他的着装,还是他的谈吐,抑或他的业绩等,都会从他那里获得好感,从而使彼此之间的了解、认同和信任获得进一步提升。

同时,我们还要知道,在职场人际间的欣赏与赞美都是相互的,当我们善于发掘别人的长处并加以欣赏和赞美时,别人也会从我们身上找到闪光点予以赞美,这样我们在别人的赞美声中,也会收获大大的自信。

如此看来,赞美之于职场,就好比阳光之于鲜花。当我们播撒欣赏的光芒,我们的职场旅途便会花开不败,一路芬芳。

欣赏,让你的情感生活温暖如春

乍看这个标题,你可能会感到小小的惊讶:夫妻之间也要欣赏吗?

没错,不仅和领导、同事、下属、朋友们之间需要欣赏,夫妻之间同样也需要欣赏。

其实,两个人能够走到一起,这就可以说明他们曾经是互相欣赏的。因为只有彼此欣赏的人才会互相吸引,相互欣赏对方,而这也是维系长久婚姻的桥梁。

可是,这种欣赏往往不会一直持续,随着婚姻生活的到来,彼此的缺点逐渐暴露,原本因为相互欣赏而相爱的人们,却开始慢慢地看对方不顺眼。这到底是为什么呢?是什么原因导致曾经相互欣赏的夫妻有了如此重大的变化呢?

答案并不复杂,这主要是因为结婚前,处于热恋中的男女,因为没有朝夕相处的时光,没有柴米油盐的琐事,彼此看不到对方的缺点或对方刻意地隐藏。可是,在结婚以后,随着彼此在一起时间的增多,日常生活中的琐事慢慢增多,双方的所有缺点都会充分暴露。这个时候,如果还不懂得互相理解和包容,只知道一味地指责和抱怨,无限地放大对方的缺点,那么幸福感和默契感便会自然消失不见。

美国曾经发生过这样一个故事,一个女人在报纸上刊登廉价出让丈夫的广告,一时之间,引起很多人的关注,事情是这样的。

露易丝·亨勒尔的丈夫查理·亨勒尔只喜欢旅游、打猎和钓鱼。每年从4月开始他便离开家,外出去钓鱼或探险,直到10月初才回来,整整半年都在外头游荡,把不喜欢外出的露易丝一个人扔在家里,孤独寂寞的她越来越不欣赏自己的丈夫了,甚至对他忍无可忍。极其厌倦丈夫的她决定将丈夫廉价卖掉,于是刊登廉价转让丈夫的广告,并在广告上附加了许多优惠条件。收购她丈夫的人可以免费得到他全套打猎和钓鱼的装备,还有丈夫送给她的牛仔裤一条、长筒胶靴一双、T恤衫两件以及里布拉杜尔种的狼狗一条、自制的晒干野味50磅!

广告登出以后,社会哗然,很多女士都打来电话询问详情,其中有很多人诚挚地索要她丈夫的联系方式。这让原本认为这样糟糕的丈夫是没有人要的露易丝大感意外。于是她询问了她们的购买理由。

有人说,她的丈夫喜欢冒险,是一个真正的勇者,这样的男人有安全感,可以依靠;也有人认为她的丈夫崇尚自然,懂得生活情趣,和这样的男人在一起生活一定会丰富多彩……各种理由似乎证明这样的男人简直无处寻觅。露易丝听完她们的理由,仔细地想了想,这些确实是丈夫的优点和魅力,只是自己没有发现而已。她不禁庆幸自己还没有将丈夫卖出去,否则就会永远失去这样的好男人了。

露易丝立刻去报纸上登了这样一则小广告:"廉价转让丈夫事宜,因为种种原因取消!"

查理·亨勒尔从外地钓鱼回来,知道了自己差点被妻子廉价处理的事后,忍俊不禁地问妻子最后怎么会改变主意,露易丝充满柔情地说:"如果我把你卖出去了,我又能从哪儿再买一个你这么好的丈夫回来呢?"两人相互看着,彼此的心充满了甜蜜的味道。

风未动,幡未动,是心动也。境由心造,心自澄明质自洁。的确,每个人的幸福都是先从心开始的。我们能否在婚姻中享受到幸福,最关键的就在于自我的心态。假如一个人深爱着对方,那她就不会去抱怨,而是学会去欣赏他的优点,对他的缺点用宽容的心去接纳。

露易丝正是从那些欣赏、想买走丈夫的女人那里重新认识了丈夫,从而找回对丈夫的欣赏与爱。他们的故事不正是诠释了这样一个主题:爱其实是一种细心的发现。所以,我们为了和那个相守一生的人在一起,就必须要学会从不同的角度去欣赏他,因为唯有这样,我们才能长久地保持爱的温度,彼此携手度过漫长的一生。

有一位老太太对儿女说:"其实,你们不了解我和老头子在一起经历的坎坎坷坷,我们有过争吵,也有过茫然!但是,我们是因为看到对方的优点才走到了一起,又是因为看到了对方的缺点才有了失落,而当优点和缺点同时拥有时,我们就感到了幸福!"这位老太太的话虽然简单,却说出了婚姻里的真谛。

西方有这样一句话:爱是恒久忍耐,又有恩慈。是的,其实任何人的婚姻都不会是一帆风顺的,任何夫妻都是在吵吵闹闹、磕磕绊绊中一步一步前行的。要知道，生活是一个大舞台，我们都在舞台上尽情演绎着自己的悲喜忧愁。但是，同样的故事，却因为不同的诠释，不同的演绎，使得我们拥有了各自不同的人生。

生活的重要组成部分之一便是婚姻，而婚姻又是建立在爱的基础之上。因此，要想让婚姻的大厦更加稳固，就必须要学会彼此欣赏。唯有这样，我们的情感生活才能温暖如春，我们的一生才会幸福美满。

第二章

只有自我接纳，才有良好的自我感觉

——学会用欣赏的眼光看自己

　　跻身茫茫人海之中，当我们凝眸远望，不难发现，欣赏本身就是一道绝美的风景。应该说，美好与自信，都源于一个人对于自己人生一往情深地欣赏。一个人只有懂得欣赏自己，才能有强大的信心来面对琐碎而忠实的生活。我们可以像聆听音乐那样倾听自己内心的声音，也可以如品香茗一般品味自己，还可以像看画展那样欣赏自己……我们可以把自己当成无尽荒野里的翠绿树木，或者藏匿深山之中的迎风的雪莲，不管外界环境如何，单有我们对自己的那份陶醉和欣赏，就足以令我们闲庭信步于旖旎的妙境之中。

接纳自己，悦纳自己

"我不高大，也不挺拔，比武大郎强不到哪儿去，真是人前矮三分呀！"

"从小到大，一直羡慕那些成绩优异、事业有成的人。看看自己，就从来没有人前显圣过。我可真没用！"

"我的同班同学，都比我混得好，要车有车，要房有房，可我连个像样的工作都没有，真是丢人！"

……

看到以上的言论，我们是否有种似曾相识的感觉呢？

但是，不管是出自身边亲朋好友之口，还是出自自己之口，这种话都是不应该得到宣扬和提倡的。而说出这种话的人，往往都是缺乏自信的一类，他们总嫌弃自己这也不好那也不好，稍微遭遇一点挫折和失败就将自己批评得体无完肤，甚至对自己产生极度的厌恶之情，更有甚者，还会做出自虐、自残等偏激行为。

之所以会有这么多对自身不满的声音和惩罚自己的举动，是因为很多人都无法在内心真正地接纳自己、悦纳自己。然而，不满和自责就能解决本质问题吗？

当然不能！不但不能解决问题，反而会让问题更加恶化，矛盾更加激烈。因此，与其无谓地埋怨自己、轻视自己，还不如努力去改变现状或者试着从心里接受自己、喜欢自己。

正如犹太人的经典《塔木德》里所说:"改变可以改变的,接受不可以改变的。"现实生活中,如果我们对自身感到不满,那就请积极主动地去改变令自己不满的现状。如果有些问题,因为客观原因而无法改变(比如自身的基因、先天的智商等等),那就请学着从内心接纳自己、悦纳自己。

毕竟,世界上不存在十全十美的人,每个人都会有或多或少的缺点和不足,只有放宽胸怀,接受自己、认清自己、坚持做自己,才能绽放出自己最闪亮的一面。

有这样一则寓言故事:

有一位国王在自己的花园里种了各种各样的花草树木,但是他发现,没过多久,花园里的那些花草树木就都开始凋零枯萎了。之所以会出现这种现象,是因为花园里的花草树木都认为自己生长得不如其他植物好,并且开始有些厌恶自己了。

橡树说:"我之所以凋萎是因为我没有办法长得像松树那么高,我感觉自己很渺小。"

枝叶已然低垂的松树说:"我之所以没精打采、垂头丧气,是因为我不能够像葡萄藤一样长出葡萄、结出果实。"

可被松树美慕的葡萄藤也处在垂死的状态,葡萄藤说:"能结果实长出葡萄有什么好的啊?又不能像玫瑰一样开出美丽的花朵。"

就在各种植物都唉声叹气的时候,花园中唯一一朵开得非常旺盛艳丽的紫罗兰终于忍不住开口说话了:"我认为人类在把我种下去的时候,他们就是想看到我紫罗兰的样子,如果他们想看到橡树、松树、葡萄藤或者玫瑰,他们就会种其他的植物,所以我想,既然我只能够成为我自己,而不能够成为其他的植物,那么我就应该欣然地接受我自己,并且尽我最大的力量去成为我自己。"

紫罗兰说完之后,刚才还在不断抱怨自己不好的植物都陷入了深思。

寓言故事中，橡树嫌弃自己不能像松树那样高大，松树却郁闷自己不能像葡萄藤一样结出果实，而葡萄藤却苦恼自己不能像玫瑰一样开出新鲜美艳的花朵。因为轻视自己，这些植物都无心生长，连自身特有的美也被埋没掉了。

唯独紫罗兰欣然愉悦地接受了自己，它并没有因为自己不够高大、不能结出果实而妄自菲薄，而是从内心接纳自己，坚持自己的本色，绽放着属于自己的美丽。

由此可见，只有彻底地接纳自己、悦纳自己，才能充分展现出自己的独特魅力。同样的道理，在人类世界，每个人的个性、形象和人格也都有自己的特点，完全没有必要去贬低自己抬高他人。更何况，在你仰慕崇拜其他人的同时，可能也有很多的人正在仰慕崇拜你。

所以，我们在每天的生活和工作的过程中，首先就要接纳自己、悦纳自己，这样，我们的魅力才能自然地散发出来。

★ **要做到真正了解自己、认识自己**

所谓"自知者明，自胜者勇"，只有真正了解、认识了自己，才能更好地接纳自己。日常生活中，我们可以通过观察法（看别人对自己的态度）、比较法（与同龄、同样条件的人相比较）、分析法（诚实坦率地剖析自己，了解自己的工作生活成果）等来认识了解自己。

★ **要经常鼓励、肯定自己**

对于每个人来说，如果一味地否定自己、惩罚自己，那么势必会加深自卑感，行为也会随之不断退缩。相较之下，鼓励和肯定自己所带来的效果更积极更有效。

值得注意的是，有些人有这样一种语言习惯：总是在肯定自己之后，加一个"但是"的转折语，比如"我承认我的工作能力确实很强，但是我的人际关系却一点都不好"，这样的话语虽然有肯定自己的成分，但重点还是落在了否定自己的方面,让说者本身和听者都产生一种消极心理,没有起到积极的效果。

所以,日常生活中,有这种语言习惯的朋友一定要注意,在鼓励肯定自己的时候,要有意识地将自己的思维模式转换到积极的一面,多使用陈述句或者感叹句,比如"虽然我的人际关系不怎么好,但是我的学习能力非常强"、"我真棒"、"我很优秀"、"我很受人欢迎"等等。在不断的自我肯定下,你会发现你的思维变得越来越积极,自我接受感也在不断增强。

★要树立符合自身条件和情况的奋斗目标

奋斗目标不宜定得太高,不宜超过自己力所能及的范围,否则屡次的失败会让自己丧失信心,怀疑自身的能力,继而自暴自弃、妄自菲薄。而树立符合自身条件和情况的奋斗目标, 不仅能让自己充分发挥自身所具有的聪明才智,而且还能在不断的成功中增加自信心。

★要不断丰富自己的生活经验

每个人都要经历适应环境的过程,在这一过程中,你也许发挥了自己的优势才干,也许暴露了自己的缺陷和不足,但这没关系,正反两方面的经验都将促进你对自己的认识和了解,提高对自我的接受感。

英国著名作家王尔德曾说过:"热爱自己是终生浪漫的开端。"的确,想要拥有浪漫诗意的人生和独特的魅力,首先就应该从热爱自己、接纳自己开始。如果连自己都不热爱、不接受自己,甚至讨厌自己,那么又何以去谈爱生活、爱他人,何以去拥有美好人生和独特魅力呢?

以欣赏的眼光看待自己

踮身茫茫人海之中，当我们凝眸远望，不难发现，欣赏本身就是一道绝美的风景。应该说，美好与自信，都源于一个人对于自己人生一往情深的欣赏。

的确，每个人都应该欣赏自己。如果一个人对自己都不欣赏，连自己都看不起，那么怎么还能有自信、自尊、自强与自爱呢？

欣赏自己，其实是人生智慧的一部分，也是人内心的理智和心灵的一种超脱。我们可以像聆听音乐那样倾听自己内心的声音，也可以如品香茗一般品味自己，还可以像看画展那样欣赏自己……我们可以把自己当成无尽荒野里的翠绿树木，或者藏匿深山之中的迎风的雪莲，不管外界环境如何，单有我们对自己的那份陶醉和欣赏，就足以令我们闲庭信步于旖旎的妙境之中。

有两只青蛙由于不小心，掉落到井底中。它们试图爬出井底，可是经过一番苦苦的挣扎，最终也没能得偿所愿。于是，它们想到找上帝帮帮忙。

上帝对它们说，有两个办法，一种办法是给它们一对翅膀，让它们飞出井口，但这样会让它们一直保持飞翔的姿态，再也不能落在地上停歇；还有一种办法是帮它们训练弹跳的技术，直到到达一定程度后跳出这口井，但是这个目标实现起来比较有难度，大概需要花费一年的时间。

两只青蛙略一思忖，纷纷有了选择，而且它们的选择是不同的。

最后,选择要一对翅膀的青蛙没过多久就因为无法落地,疲惫而死;而那只选择训练自己弹跳能力的青蛙,经过一年的锻炼,身体变得非常强壮,成功地跳出了那口井。

这虽然是一则寓言故事,但是我们从中不难看到,对自己欣赏与否所带来的截然不同的结果。

其实,生活中,不懂得欣赏自己的人也许就会像那只疲惫而死的青蛙一样,它们由于不相信自己的优点和特长,最终淹没在失败的泥潭里。在他们看来,自己不可能是世间的"独一份",换句话说,它们不懂得欣赏那个独特的自己,最终的结果也就可想而知了。

当然,对自己的欣赏,要远比对于他人的欣赏需要更多的胆识和勇气,需要具备更加锐利的眼光。欣赏自己,实际上就是对自己的尊重与认可,不是把自己当做一只破罐子、烂桌布,随心所欲地抛弃,而是把自己供奉在高高的神殿之上。

诚然,我们只有懂得欣赏自己,才能让自己具备更强大的信心来面对我们的生活。因为懂得欣赏自己,就是能够正确认识到自己所具有的优势,明确自己的优势所在,自然会增强生活的信心,从而促使我们不断地去追求、奋斗、进取,努力创造更加美好的生活。与之相反的是,一个人如果妄自菲薄,那么就很容易丧失生活的进取心,最终的结果很可能是一事无成。

也就是说,我们只有懂得了对自己的欣赏,才能够坦然地面对生活中的纷繁与琐碎,才能应对时不时出现的问题和困难。因为在每个人的生活中,总会有许多不如意之事,只有学会了自我欣赏,我们才能在身陷困境时而不至于悲观失望,在自己人生失意时而不至于意志消沉,在自己遭遇挫折时不至于心灰意冷。

可以说,欣赏是一种心境,是一种自我发现。或许你貌不惊人,但不必因此耿耿于怀；或许你前行之路充满坎坷，但不必因此垂头丧气。当遭遇坎坷和磨难，与其哀伤自怜，不如静下心来欣赏自己。

俗话说得好："寸有所长，尺有所短。"我们每个人身上都有属于自己的闪光点，能不能发现这些闪光点将决定我们是否懂得自我欣赏。一个懂得欣赏自己的人，往往会少有抱怨，多几分洒脱，能够在豁达心态的相伴下坦然走自己的路，并帮助自己扬起追求的风帆，驶往理想的彼岸。

★让自己成为自己喜欢的样子

不管是对人的欣赏，还是对事物的欣赏，我们心里自然会有一个标杆。我们对自己的欣赏也不例外，所以，要想做到欣赏自己，我们有必要从内在、外在精心地塑造自己，根据自己的意愿和标准，把自己塑造成自己喜欢的样子。

这样，我们的内心就会多一些自信，也就更容易对自己产生欣赏之情了。

★培养自己优雅的举止

有时候我们发现，这个人不漂亮，甚至也不年轻，但他的行为举止却有一种难以言说的魅力。其实，这很可能就是我们所说的"优雅"。优雅不是"矫揉造作"，优雅是"以最少的能量创造最大的效益"。

因此，要想让自己被自己欣赏，我们得学会培养自己优雅的举止。比如，我们可以看看镜子中的自己，看看自己的举止是否得体，微笑是否怡人。当我们对自己眼中的自己能够报以赞许之情的时候，我们成为别人眼中的一抹亮色也就不难了。

★多做些自己有信心可以完成的事

我们常说自信的人最美丽，的确，自信会让我们更加清楚地认识自己的价值，让我们带着勇气和信念去应对生活和工作中的种种繁杂事务。

为了让自己多一些自信，我们可以为自己制定一些小的目标和计划，这样我们会更有信心去完成。当成就感和满足感袭来的那一刻,也就是我们有足够理由欣赏自己的时候。

欣赏自己,是自己自我价值的挖掘和发现,同时也是发展自我、实现自我的强大驱动力。当我们懂得了对自己的欣赏,遭遇失败和挫折时,就不会被失败的阴云掩盖属于自己的那一份光辉;获得成功时就不会沾沾自喜、趾高气扬。因为我们知道,失败和挫折无非是自己人生旅途上的一道别样的风景罢了,而成功的果实本就是自己应该摘取的璀璨星辰。

白璧亦有瑕,接受自己的不完美

"求全"似乎是人性中的通病,我们都希望自己白璧无瑕,十全十美,但这恰恰违背了大自然的规律。正所谓"金无足赤,人无完人",换句话说,这个世界并不完美,也根本不存在完美的人和事,我们每一个人自然也是如此。

那么,我们会因为不够完美而对自己心生嫌隙吗?那样可就大错特错了。实际上,只有对人、对事、对自己不苛求完美,才是一种聪明的选择,一种豁达的处世态度。

在此,我们先来看看有着美国最伟大总统之称的富兰克林·罗斯福的故事。

由于小儿麻痹症,使得罗斯福成为一个双腿残疾的人。性格上,罗斯福也总是表现得很脆弱,很胆小怕事。每当老师叫他起来回答问题,他总是紧张得双腿发抖，嘴唇颤动，言辞不清。为此，同学们总是以此来嘲笑和讥讽他。

面对这些因为缺陷招致的屈辱，罗斯福并没有像其他人那样自卑丧气，而是以极大的勇气来积极面对。

他从不逃避，从不自欺欺人，从不认为自己是勇敢、英俊和强壮的，而是尽量用实际行动去克服那些缺陷。

不能克服的，他就把它加以利用。面对身体残疾，他以超凡的政治才能和成就来体现自己的人生价值，最终博得了美国人民的爱戴。

像罗斯福这样的例子，在现实生活中举不胜举，比如张海迪、海伦·凯勒、贝多芬等等，他们都是身体存在缺陷，却以无比的勇气化解了自身遗憾而获得了成功。

因此，不要总把自身的不完美，当做阻碍你成功的绊脚石，而对它厌恶之极。相反地，那些不完美有时候也可以成为你前进的一种动力，促使你去不断完善和提高自己，以获得自己所期望的成功。

可以说，这个世界上不存在完美无缺的人。但是这并不妨碍我们说，每一个人都是闪光的。因为每个人身上都有属于自己的亮点。一个长相平凡、身材普通的女子，她也许不妖娆、不娇艳，但她如果拥有智慧的目光、善良的心智、磁性的声音，这些恐怕已经足够让人喜欢她了吧。一个做着一份普通工作的男士，他也许没有很高的学历，也没有显赫的背景，但他拥有善良的心肠、幸福的家庭，这些也算得上上天厚待于他了吧。

如果你试图让自己成为那个完美的人，不妨想想上面这个故事。要知道，上天绝不肯把所有的好处都给一个人，给了你美貌，就不肯给你智慧；给了你金钱，就不肯给你健康；给了你天才，就一定要搭配点苦难……

所以，在我们面临困境的时候，不必沮丧不已，更不必怨天尤人，甚至自暴自弃，最好的办法，就是安慰自己，自己之所以有这样那样的不足和缺陷,是因为上天将自己这个"苹果"给咬了一口,只不过由于上天特别喜欢,所以咬的这一口更大一些罢了。

具体来讲,我们可以通过以下几种方法,来摆脱完美给我们所带来的压力和阴影。

★适度地放松身心,别对自己太过苛刻

当我们的情绪处于过分紧张和焦虑的状态时,我们判断和解决问题的能力也必然会受到影响。所以,当生活中出现一些始料未及的事情时,我们应该学会放松,调整好自己的情绪,以饱满的、热情的、积极的精神状态来面对和解决当下的问题。

比如,如果在工作中你总是被一些事情压得透不过气,那么不妨按时下班,不去加班,尽可能把所有休息时间都用来休息。如果生活中的事让你感到索然无味,疲惫不堪,那么不妨在闲暇的时候听听音乐,和朋友聊聊天等等。当放松下来,你会发现,一切其实都在照常运转,自己曾经担心和忧虑的事情其实并没有想象的那么重要。

★选择健康的生活方式

我们都知道运动对于身体和情绪的重要作用。它不但有利于我们身心的调节,而且还会对我们的心理健康大有裨益。所以,你不妨选择自己喜欢的健身方式进行锻炼,慢跑、瑜伽、篮球等都是不错的运动项目,经常进行锻炼,会为你的身体和心灵注入活力,何乐而不为呢?

★给自己设定跳一跳够得着的目标

如果设定的目标过高,一时难以实现的话,则容易使心灵受挫。所以,我们不妨给自己设定那种"跳一跳,够得着"的目标,只要对得起自己的努力和良心,不要太在意别人对自己的评价。否则,当我们遇到挫折就可能使得自己身心俱疲。所以,我们没必要为了让周围每一个人都对自己满意而处处谨小慎微,还是要有点"我行我素"的气魄。否则,想让所有人都满意,而唯独自己不满意,对自己而言又有什么好处呢?

西方有这样一句格言:"我要接受我的不完美,因为它是我生命的真实本质。"不可否认,作为并不完美的个体,我们每个人都有自己的软肋和死穴,如果对它视而不见甚至极力去掩饰它,那么这些很有可能对自己造成致命的威胁。

话说回来,其实不完美本身就是一种美,缺憾本身也是一种美,维纳斯是美的,她的断臂使她的美成为残缺的美,可谁又能说她不美呢?从某种意义上讲,残缺的美才是真实的、可爱的。正因其不完美,才能让人有更高的期待。

允许自己犯些无伤大雅之过

"金无足赤,人无完人"是我们再也熟悉不过的一句话,人们也总是用这句话来鼓励自己去勇敢面对无法改变的自身缺陷和遗憾。可当真面对自己的不完美之处时,很多人还是忍不住要为此而烦恼忧愁,总是耿耿于怀,无法释怀。

我们都知道"世界上没有一片完美的树叶"这句话,其实我们人类也像树叶一样,不可能十全十美。

可在现实生活中,有些人却无法正视这一点。面对自己的缺点时,他们内心总会觉得羞愧和自卑。害怕被人耻笑,抱怨上天的不公,总是想尽办法去遮掩和逃避,不能积极去面对。久而久之,那些缺点就成为一块无法愈合的伤疤,碰不得,去不掉。如果再总是揪着这块伤疤不放,一直纠缠于其中,一遍遍地咒天怨地,还会加重心灵的负担,使情绪更加糟糕,并极易把自身的优点忽略,形成自卑心理。

心理学家保罗·休伊特曾说:"完美主义者其实很脆弱,他们更应该学会适时偷偷懒。"在竞争激烈的社会中,为了保护自己,很多人严格律己,谨小慎微,不容许自己犯错,哪怕再小的错误。久而久之,变成了十足的完美主义者,生活在巨大的压力之中。

琳达大学毕业后,找到了一份待遇不错的工作,在一家大公司当经理助理。工作中,需要跟不同的部门打交道,用英语与外国客户沟通,还要安排好经理的行程……

琳达很珍惜这份工作,加班加点干活也毫无怨言。两个月后,琳达要去机场接一个美国客户,因为堵车误了点。事情顺利解决后,琳达始终觉得自己会因此被"炒",郁郁寡欢,做事也心不在焉。

为此,经理给琳达讲了一个故事:法国一家汽车制造公司的老板在招聘员工的时候,给众多应聘者抛出同一个问题:在过去的工作中你犯过多少次错误?很多人的回答都是很少或几乎没有。最后,这个老板选择了一个勇于承认犯过很多错误的家伙,理由是"我需要人才,不是一个从没犯过错误的人"。

琳达听完后释然了,回头继续工作却发现,就在自己抑郁寡欢的这段时间里,她竟然又犯了不少的错,最后不得不加班加点纠正和弥补这些错误,耽误工作进程不说,搞得自己更加疲惫。

琳达的经历告诉我们,当出现一些过错时,我们要做的,就是勇于面对它,而不是一味地担惊受怕。其实,不管是工作中,还是日常生活中,错误都是在所难免的。有了错误,才会改正,才能不断地成长和提升。我们常常说的"经验",绝大多数都是在犯错后积累下来的,这是一笔宝贵的财富。

据说，美国的很多企业在对待员工的小过错方面都相对宽容，甚至有一些大公司还提出明确的规定，管理人员若在几年内都没犯过错，将被解雇。当然，这里说的错，指的是一些无伤大雅的小过错，不会给公司造成大损失。如果是那种影响到自身、他人或者企业利益的错误，则必须让自己承担应负的责任了。

一个叫茜茜的女孩到公司两年多了，工作一直很努力。然而，工作一天天的重复，茜茜变得有些怠慢。给客户提交报价表时，经常出现一些小出入，经理指出时，茜茜会找各种借口加以反驳。

后来，公司业绩不佳需要裁员，茜茜不幸中招。一开始茜茜想不明白，怎么说自己在公司付出了两年多，就算没有功劳也有苦劳，怎么还比不过那些新员工。之后与旧同事叙旧，才知道因为报价表的问题，上司对她一直不满。"同样的错犯了那么多次，也难怪上司认定我没有存在的价值了。"茜茜这样反思道。

这个案例说明：犯错是难免的，但是必须做到吃一堑长一智，而不是反复栽同一个跟头。

总的来说，我们可以允许自己犯小错，但不能迁就自己一错再错。允许自己有无伤大雅之过，是内心坦然的一种表现；而不允许自己犯相同的错误，是通向成功的基石。如果我们能将二者巧妙结合，那么我们的人生之路将会越来越顺畅了。

★客观全面地看待自己

知人者智，自知者明。我们不仅要看到自己的缺点，还要恰如其分地看到自己的优势所在，既不放大缺点，妄自菲薄，也不盲目自信，骄傲自负。只有客观全面地看待自己，我们才不会因为偶尔的一次小错误而让自己一蹶不振，也不会因为一点小成就而让自己飘飘然。

★不对自己求全责备

是人就难免会犯错，所以我们不要对自己求全责备。只要对得起自己的努力和良心，不要太在意他人对自己的评价。否则，遇到挫折就可能导致身心疲惫。同时，我们也没必要为了让周围每一个人都对自己满意而处处谨小慎微，还是要有点"我行我素"的气魄。否则，想让所有人都满意，而唯独自己不满意，对你而言又有什么好处呢？

在心理学上，有一个名词叫"焦点效应"。这源自一个实验：实验者让参加此次试验的志愿者们穿上带有特殊符号的衣服，进入一个大大的教室，教室里有很多人。随后，实验者让志愿者预测会有多少人注意到他们衣服上的那些特殊符号。几乎所有的志愿者都猜测至少会有一半的人注意到。但是最后通过调查发现，注意到这些特殊符号的人只有20%而已。我们的那些小过错，又何尝不像这些符号呢？所以，既然无伤大雅，我们又何必总是揪着不放，让自己徒增烦恼呢？

一定不要小看自己

在一次演讲中，鲁迅先生曾说过这样一段话："没有什么人有这样大的权力：能够教你们永远被奴役。没有什么命运会这样注定：要你们一辈子做穷人。你们不要小看自己……"

的确，每个人的命运都掌握在自己手中，我们一定不要小看自己。只有这样，才能改变命运，才能幸福一生。

不过，我们总会发现，人们常常是不经意间就会仰慕别人，轻视自己。然而事实上，当我们可以独自面对困境的时候就会发现，其实自己可以很强大。这是因为我们选择了坚持和努力，选择了"看得起自己"，这样，我们才能迎来"柳暗花明"的胜利。

曾经，一位父亲带着儿子到梵·高的故居去参观。但孩子看到屋里的小木床和已经开裂的皮鞋之后，疑惑地问父亲："爸爸，梵·高不是一位非常有钱的富翁吗？"

父亲回答道："梵·高不是富翁，他是一个连妻子都娶不起的穷人。"

第二年，这位父亲又带着儿子去参观"童话大王"安徒生的故居，儿子用困惑的眼神望着父亲说："爸爸，安徒生的家怎么不在皇宫里啊？"

父亲答："安徒生不是王子，他只是鞋匠的儿子，所以，他只能生活在普通的阁楼中。"

这位父亲是一个水手，他每年往来与大西洋各个港口。这好奇的儿子叫伊尔·布拉格，是美国历史上第一位获普利策奖的黑人记者。

布拉格长大之后回忆说："那时我们家很穷，父母都靠出卖苦力为生。有很长一段时间，我一直认为向我们这样地位卑微的黑人是不可能有什么出息的。好在父亲亲自让我认识了梵·高和安徒生，这两个人告诉我，上帝没有这个意思。"

这个故事告诉我们，只有看得起自己，才会不断地向目标和理想迈进，而不至于因为胆怯和自卑而把自己"囚禁"起来。

现实生活中，不难发现一些人总是抱怨老天不公，不让自己获得真正的幸福。但事实上，阻挡人们获得成功的不是老天，而是沉溺在缺点、短处中不能自拔的自卑心理。

或许上面的现象你早已有所发现：有的人常常因为自己角色的卑微而否定自己的智慧，因为自己地位的低下而放弃年少时的梦想，有的人甚至因为被别人歧视而消沉,为不被人赏识而苦恼。凡此种种,无不是看不起自己的思想和行为,这样的行为注定不能获得事业的成功和生活的幸福。

相对而言,认清自己,并且看得起自己才是步入成功大门必备的因素。因此,我们不管遭遇怎样的曲折和苦难,都要坚信自己的能力,勇敢地面对生活,做一个何时何地都能看得起自己的人。

★心怀自信,利用并发挥自己的长处

自信心也不是凭空就能获得的,很大程度上它基于满足感的存在,也就是我们要让自己感到成功,才会让自己心怀自信。这就需要我们利用好自己的长处,尽量发挥自己的优势,而不要一味地认为自己不行,什么都不敢尝试,这样只能导致越来越看不起自己,越来越不自信。

★坚持到底,不轻易放弃

很多时候,奇迹就在坚持一下的努力中发生。所以,我们要学会面对困难和挫折,不被困难和挫折击垮。只要还有一线希望,我们就要鼓励自己坚持下去。到最后,如果成功了,那么万事大吉;如果依然以失败而告终,那么我们也会从中吸取到经验和教训,而这对我们迎接未来的挑战将大有好处。

★充实自己,让自己在经历中成长

或许你会说,我每天做的都是细微琐碎的小事,这些事根本体现不出什么成功、成就之类的感受。事实上,并非如此。小事做得好,才能做好大事,不管多么容易多么简单的事情,我们都要尽力做好,而不是敷衍了事。因为哪怕极小的事,我们在做的过程中,也会积累经验,长此以往,我们就会形成自己处理事情的风格,这时候我们就有资格向别人发表意见了,同时也有资格获得别人的尊重。

★相信"天生我材必有用"

伟大诗人李白曾在一首诗中提到："天生我材必有用"，从这句话中我
们应该明白，每个人来到这个世界上都有自己的用武之地。所以，我们不
要把自己看低，觉得自己学历不高，能力不强，从而看不起自己。正确的做
法是，在任何事情面前，都要抱着努力克服的心态，坚定信念，相信只要努
力，一切就都会变好。

我们的人生就好像在大海上航行的船只，既会遇到风平浪静的好天
气，也会遭遇狂风骤雨的坏天气。但是，对船只来说，最重要的不是天气，
而是面对一切糟糕天气的勇气。同样的道理，失败和成功对我们来说并不
是最重要的，重要的是我们要永远看得起自己，因为只有这样，我们才能
在面对成功时淡定从容，面对失败时不气馁、不妥协。

自己去发现自己的太阳

每天穿梭于熙来攘往的人流中间，或许总让我们对自己产生这样一
种感觉：世界好庞大，自己好渺小。有时候甚至感到自己仿佛置身于尘世
之外，看着来往的车水马龙和拥挤的人群，忽然间萌生出奇怪的想法——
我是谁？

相对于看清别人的成功与失败，我们对自己却总是懵懵懂懂。自己要
追求什么，又拥有什么；有什么长处，又有哪些不足。心里根本不清楚，就
像电视剧《过把瘾》的一句歌词说的那样，"糊里又糊涂"。

其实，和庞杂的大千世界相比，我们每个人都觉得自己很渺小，渺小

到甚至可以忽略不计。但是这并不妨碍我们每个人有自己独特的人生轨迹,也并不影响我们每个人在自己的人生坐标上发掘最适合的那个点。因为即使我们被生活中的逆境给击倒无数次,上天也不会置我们于不顾,在他看来,肮脏或洁净,贫贱或富贵,我们依然是自己的无价之宝,依然可以寻找属于自己的一片阳光。

从前,有个名叫伊丽莎的俊美公主。但不幸的是,她从小就被一个老巫婆囚禁在古堡的塔里,老巫婆从来都不说伊丽莎漂亮,而是不停地说她长得丑陋。

伊丽莎在老巫婆的贬斥中渐渐长大了,但她也越发地自卑起来,她觉得自己是这个世界上最丑陋的女孩。一天,一位年轻英俊的王子从塔下经过,被伊丽莎的美貌惊呆了。从这以后,他每天都要到这里来一饱眼福。

就这样,伊丽莎慢慢地从王子饱含深情的眼神里看到了自己的美丽,同时也发现了应该属于自己的美好人生。

趁着老巫婆外出的一天,伊丽莎将自己长长的金发放下来,让王子攀着她的长发爬上塔顶,将她从塔里救了出来。

这个故事的寓意是:囚禁一个人思想的,并非别人,而是他自己。不难发现,伊丽莎公主在巫婆的暗示下,陷入了深深的自卑。而那个老巫婆是她心里迷失自我的魔鬼,正是因为她听信了魔鬼的话,不能正确地认识自我,以为自己长得很丑,不愿见人,就把自己囚禁在塔里。

其实在我们周围,有着和故事中伊丽莎类似特质的人并不少见,他们时常处于一种自我蒙蔽的状态,缺少真正的自我认知,总喜欢拿别人的长处与自己的短处比较,以至于经常让自己陷入困境当中。

前面我们就曾经提到,世界上没有完美的人,每个人都有自己的优势和不足,也都会遇到这样那样的困境和麻烦。当我们沉浸在负面情绪中的时候,看到的将都是灰暗的一面;相反,如果我们能够树立自信心,相信自己能跨越人生旅途上的坎坷荆棘，那么问题本身也就不值一提了。

正如美国总统罗斯福的夫人艾莉诺·罗斯福说过："没有你的同意，谁都无法使你自卑。"事实上，每个人都有属于自己的一片天空，每个人也都可以在自己的天空中描绘最美的色彩。只要我们相信自己，敢于尝试，那么我们就会成为画出美丽天空的艺术大师。

毕加索说："你就是太阳。"这绝非狂想，更不是疯人之语，而是一个独立思考者对自身的欣赏和讴歌。著名作家韩素音在《躲避的太阳》中写道："太阳是什么，是心里头的太阳。有时候这个太阳不出来，在躲避，你要自己去发现你自己的太阳。"

的确，在每个人的心里，其实都有一个大大的太阳，只要我们善于发掘，终会将躲避着的它从深深的角落里寻找出来。

★自我鼓励法

平时，我们要适时适度地鼓励自己，让自己有勇气去面对困难和挫折，并与之进行斗争。一旦有效掌握了这种方法，我们就会尽快从痛苦、逆境中摆脱出来。

★语言暗示法

语言对情绪有着不可忽视的影响，当你被消极悲观的情绪所控制时，可以采取言语暗示的方法来调整自己的不良情绪。比如朗诵励志的名言或故事；心里默默对自己说"不要悲观"、"你行的"、"悲观消极于事无补，甚至会使事情变得更糟糕"、"与其消极逃避，不如积极面对"等诸如此类的话；不断用言语对自己进行提醒、命令、暗示等等。这种语言暗示法非常有利于情绪的好转。

★环境调节法

外在的环境对情绪有着重要的影响。光线明亮、舒适宜人的外在环境能够给人带来愉悦，而在阴暗狭窄、肮脏不堪的环境下，人们很容易产生不快、消极的情绪。所以,当你感到悲观失落时,不妨走出去散散心,享受一下大自然的美景,这样非常有利于身心调节。

★他人疏导法

有时候,悲观消极的情绪光靠自己独自调节仍无法消除,这种情况,就需要你向外界求助,让身旁的亲朋好友帮你来疏导。心理学研究也表示,人在抑郁苦闷时,应当有节制地进行发泄,将憋闷在内心的苦恼适度倾吐出来。而最佳的倾听对象无疑是亲人和朋友,他们的分担和鼓励必将是你拥有乐观情绪的源泉。

事实上,我们每个人都是独一无二的,都有自己的独特优势,也都有各自的不足之处。但只要我们相信自己是最棒的,并坚持在自己规划的人生道路上走下去,那么我们必将充分发挥自己的潜力和优势,实现自己特有的人生价值。

相信自己永远是无价之宝

在人生旅途中,当我们遭遇太多的逆境和痛苦,被时间的车轮碾轧得体无完肤的时候,让我们油然而生一种悲悯之情:我似乎一文不值!

如果这种情绪一直持续,我们可能就会破罐子破摔,到头来可能会真的一文不值了。

可是,事实上,即使我们觉得自己不够聪明,不够强大,也并不代表我们毫无价值。因为失败的原因多种多样,可能是客观环境的作用,也可能是时机不合适,或者是我们判断失误等等。

不管是哪一种原因，我们都没必要把罪过都归于"自己"身上。其实在上天看来，不管洁净还是肮脏，也不管富贵还是贫穷，我们永远不会丧失价值，我们永远是自己的无价之宝。

我们来看一个关于苏格拉底挑选关门弟子的故事：

当苏格拉底病重，知道自己将不久于世时，他想在临终前了却自己一直以来的夙愿——找一位优秀的关门弟子。苏格拉底把这个任务交给了他多年的得力助手来办，让他在半年内搞定。

苏格拉底把助手叫到身边，对他说："我的蜡所剩不多，得找另一根点下去，你明白我的意思吗？"

助手点点头，并回答道："明白，您的思想光辉要很好地传承下去……"

苏格拉底接着说："可是我需要一位非常优秀的弟子，他要有高深的智慧，还要有充分的信心和非凡的勇气……只是到目前我还没有找到这样的人，所以拜托你帮我挖掘一位。"

助手重重地点点头，很尊重地说："好的，好的。"

此后，这位助手开始不辞辛劳地通过各种途径寻找苏格拉底想要的人选，功夫不负有心人，他终于找到几位他认为可以满足苏格拉底意愿的人。可是，当他把他们带到苏格拉底身边的时候，都被苏格拉底谢绝了。

看着时间一天天过去，这位助手越来越感到为难。经过无数次的无功而返之后，苏格拉底已经病入膏肓。一天，苏格拉底硬撑着坐起来，扶着助手的肩膀说："辛苦你了，不过，你找来的那些人其实还不如你。"

这位助手并没有明白苏格拉底话语的真实意图，他只是满含愧疚地说："我一定加倍努力，即便找到天涯海角，找遍五湖四海，也要把那位最优秀的挖掘出来。"

可是再看此时的苏格拉底，只是苦笑着，不再言语。他的助手泪流满面，羞愧地说："我真对不起您，令您失望了"。

"失望的是我,对不起的却是你自己。"苏格拉底说完这句话,失意地闭上了眼睛,良久,又不无哀怨地说:"本来最优秀的就是你自己,可是你不敢相信自己,把自己忽略,耽误,丢失了……其实每个人都是最优秀的,关键是如何发掘自己,认识自己,重用自己……"

这句话说完之后,苏格拉底永久地闭上了双眼。此时,助手看着苏格拉底临终前失落的眼神,想着他带着遗憾的话语,感到非常懊悔,他在自责中度过了整个后半生。

从这个故事中,我们可以看出,其实我们自己才是最优秀的那一个,关键是看我们如何看待自己,能否相信自己。

只有相信自己,我们才会在自己规划的人生道路上不偏离,并充分挖掘自己的潜力和优势,实现自己的人生价值。

当我们认定了自我价值,别人就无法剥夺我们所拥有的价值。

然而,现实中却总是有很多人像苏格拉底的这位助手一样,不去想自己的优势,不去相信自己所拥有的价值,从来没有真正公平地对待自己。

这样的人,即使有绝好的机遇摆在面前,也会熟视无睹,这样的人生也不能不说是巨大的遗憾了。

毫无疑问,只有自信才能催生我们内心坚强的力量,它能让我们对自己有最客观和公正的评判,并帮助我们度过最艰难困苦的时期,直到成功的曙光最终出现。

那么,我们怎样才能具备强烈的自信心呢?

★看到自己的优点

拿出一张纸和一支笔,在脑海里回想并总结一下,写出自己的10个优点,哪方面的优点都可以,比如细致周密、皮肤白皙、做事利落等等。当在生活和工作中产生气馁的情绪时,想想自己的这些优点。这样有助我们提升自信,这叫做"自信的蔓延效应"。

★多接触自信的人

俗话说，"近朱者赤，近墨者黑"，在增强自信心方面，这一点同样有效。平时不管是在职场还是生活中，我们都尽量和有自信的人打交道，而要远离那些意志消沉，缺乏自信的人。

★树立自信的外部形象

有时候，外在形象对我们是否具备自信也会起到举足轻重的作用。所以，我们一定要保持得体的仪表和整洁的外在形象，并且要举止大方得体，此外，还要注重身体锻炼，保持形体健美。

★不要过分谦虚

虽然谦虚使人进步，也是颇有必要的，但万万不可谦虚过度，如果过分贬低自己，那么对我们自信心的培养是极为不利的。

★扬长避短

在工作和生活中，我们要尽量展现自己优势和特长的地方，同时注意弥补自己的不足，不断进步。同时，我们还要尽可能抱有自己有事靠自己解决的心态，不断激发自身的潜力，并且通过一次次的成功，不断提升自信水平。

总而言之，作为冲击时代浪潮的年轻人，我们要始终坚信：凡是最受人们欢迎的人从来不是那些不停地回顾曾经的悲伤、失败和惨痛挫折的人，而是那种始终怀着坚定的信心、希望、勇气和愉快的求知欲而放眼未来的人。

朋友，让我们拥有自信，相信自己的独特价值吧！只有这样，我们才能把握好自己的人生，创造美好的未来！

第三章

绽放你的生命，活着不是一场苦旅
——学会用欣赏的眼光看生活

　　如果询问宇宙对于我们有什么意义，那么提问的前提就是我们实实在在存在着鲜活的生命。应该说，世间最为珍贵的，莫过于生命。因为生命的存在，让我们感受着人生的酸甜苦辣，喜怒哀乐，与此同时，我们的身心得到了磨砺，得到了丰盈。带着这样的情怀，让我们学会把握实实在在的生活，不去在意世俗的名利和虚荣；让我们拥有并懂得珍惜，不去追寻无谓的痛苦和烦恼。若如此，便是快乐美丽的人生了。

和生命相比，一切都太过卑微

或许从年少时的励志格言里，我们就开始听到关于"生命"的种种，比如"生命是最宝贵的，因为它只有一次"；"我们要像爱护生命一样爱护……"的确，世界上最为珍贵的东西，莫过于生命。

和生命相比，其他一切都太过卑微。正如一个形象的比喻所说的：要是人生是一连串数字的话，那么身体健康就是前面的"1"，金钱、事业、爱情等是"1"后面的"0"，显然，人生要是没有前面"1"的话，后面有再多的"0"，也是没有任何意义的。而这里所说的健康，自然是延伸意义上的生命。

看到了生命如此宝贵，因此我们要不惜一切代价来保护好它。更何况健康的身体是我们从事一切工作的保障，如果身体垮了，其他一切都是徒劳的。

虽说我们要为了事业而奋斗，要为了家人而拼搏，但是我们绝不能忽略自己，任何时候都要善待自己，爱惜自己，让自己拥有完整的、健康、愉悦的生命过程。

在第二次世界大战期间，琼斯作为美国一艘潜艇上的瞭望员，参加了向水下潜行的战斗任务。一天，他通过潜望镜侦察到一支由一艘驱逐舰、一艘运油船和一艘水雷船组成的日本舰队，以极快的速度向自己所在的潜艇逼近。

琼斯赶紧把这一情况上报给指挥官,指挥官立刻下令准备发起进攻。可是令人遗憾的是,他们的攻击还没开始,日本的水雷船却已掉过头来,朝潜艇这边冲过来。原来,有一架空中日本战机也测到了潜艇的位置,而且通知了海面上的水雷船。

无奈之下,指挥官只好再次下令潜艇紧急下潜,以便躲开水雷船的攻击。

时间仅过了 3 分钟,日军的 6 颗深水炸弹就在潜艇的四周炸开了,潜艇被逼到了水下 83 米深处。潜艇上的每个人都知道,只要有一颗炸弹在潜艇 5 米范围内爆炸,潜艇就会永远留在海底了。

在这千钧一发之际,指挥官决定以不变应万变,他下令将艇上所有的电力和动力系统都关掉,然后全体官兵静静地躺在床铺上。当时,琼斯和其他战友都害怕极了,就连呼吸都觉得异常困难。

他在心底不停地问自己,难道这就是我的死期?尽管潜艇里的冷气和电扇都关掉了,温度高达 36℃以上,琼斯仍然冒着冷汗,心跳的声音比炸弹爆炸的声音还要大。

日军水雷船连续轰炸了 15 个小时,琼斯却觉得比 15 年还漫长。寂静中,过去生活中的点滴在眼前重现:琼斯加入海军前是税务局的小职员,那时,他总为工作又累又乏味而抱怨着。报酬太少,升职也遥遥无期;烦恼买不起房子、新车和高档服装,经常因为一些琐事与妻子争吵。

这些烦恼的事情,过去对琼斯来说似乎都是天大的事。而今置身这坟墓一样的潜艇中,面临着死亡的威胁时,他深深地感受到:当初的一切烦恼都显得那么渺小,它们和生命比起来,简直就不值得一提。

于是,他在心底暗暗发誓:只要能活着看到太阳,一定要珍爱自己,珍惜生命。

日军终于把所有的炸弹扔完开走了,琼斯和他的潜艇又重新浮上了水面。

战争结束后，琼斯回到祖国，并重新参加了工作，经过生死的考验之后，他更加热爱生命了，懂得如何去幸福地生活。他后来回忆说："在那可怕的 15 个小时里，我深深体验到了生命的珍贵，和生命相比，世界上其他事情都是那么的微不足道。"

故事中的琼斯经过 15 个小时命悬一线的苦苦挣扎，终于体验到了生命的珍贵。其实我们每个人的生命都是如此，世界上没有一样东西比我们的生命更为珍贵，和生命比较起来，任何的痛苦和烦恼都显得无比渺小，或许只有像琼斯这样经过生死考验的人会更明白这一点。

和琼斯的经历相似，麦伦也有过一番对生死的体悟。几年前，当因为动脉血管瘤而住院手术的他，在 ICU 病房里思考了很多：我几乎从不珍惜自己，以前根本不相信自己会生病，更没有想过会病倒，而且需要这么一次大型手术。即使患了高血压，我也不听医生和家人的劝告，总是偷偷地把买来的药扔到垃圾桶。对待工作，我总是精益求精，对待妻子和整个家庭也是一丝不苟。可是现在，自己却因为没有好好珍惜自己的生命，而落到这步田地。以后，只要我能够好起来，我再不会像从前那样对待自己了，我要好好爱惜自己的身体。

经过了生死的考验，终于体会到生命的价值，这是琼斯和麦伦带给我们的启示。因此，我们一定不要等到生死关头才感悟到生命的可贵，而应该从现在开始，让自己拥有健康的身体和快乐的生命。只有拥有"革命的本钱"，我们才能打赢一场又一场的人生之战。

★ **注意饮食**

身体要想健康，离不开食物供给的营养。人体器官的功能和组织的正常代谢都依赖着必需的营养，而这些营养物质又需要通过合理的膳食而获得。所以，要想拥有一个棒棒的身体，我们就要在饮食方面做到营养平衡,不偏食,不挑食。

★远离香烟,降低患癌症的可能性

香烟的危害人所共知。有统计数据表明,每吸一支烟,将平均减少 5 分钟寿命,终生吸烟平均减寿 18 年左右。另有调查发现,将每天吸 20 支烟以上的人与不吸烟的人比较,口腔癌发病率增加 3~10 倍,食管癌发病率增加 2~9 倍,膀胱癌发病率增加 7~10 倍,胰腺癌发病率增加 2~5 倍;肾癌发病率增加 1~5 倍,其他癌症发病率增加 1~4 倍,冠心病发病率高 2~3 倍,气管炎发病率高 2~8 倍。

★适度饮酒,千万不要多喝

适度饮酒可起到扩张血管、缓解疲劳等作用。但是如果饮酒过度则会对身体极具危害。轻则引起身体不适,严重的还可能危及生命。因此,专家建议我们,一天的饮酒量最好控制在 100 克左右,而且最好不要喝白酒,而是喝啤酒、葡萄酒。

★保持心理健康,让心情天天阳光灿烂

心理学家通过调查研究发现,凡是事业成功者大多具有一个健康的心理。换句话说,心理健康是事业有成者的标志之一。

不难想象,我们都是生活在社会中的人,谁都难免会有痛苦和烦恼。那么,要想应付各种挑战,没有良好的心理调节和心理平衡能力将会很难应付。

古人说:"忧则伤身,乐则长寿。"只有具备良好的情绪,我们才更容易拥有健康的身体,才更容易保持年轻。

对生命负责,说到底就是要我们对自己的身体负责,千万不能在年轻的时候"透支"它,而应时时刻刻把身体健康放在一切事情的最前面。只有拥有一个健康的好身体,才能有"本钱"去做其他事情。

我们不是拥有太少，而是欲望太多

经常听到这样一句话：知足常乐。可是，生活中大多数人难以做到这一点，往往是不知足，相应的，也就不快乐。

扪心自问，我们是不是常有失望和不满，要么是自己希望的情况没有出现，要么是自己的欲望得不到满足；每当这时，我们是不是怨天尤人，破罐子破摔，而很少能静坐下来，仔细想想，自己到底是为什么感到不满和失望？

实际上，幸福是一种很主观的心理体验，它的有无在很大程度上和现实情况没有必然的联系。

如果我们把幸福定义在"我什么都没有，我什么都比不上别人"的概念上，那么恐怕永远也无法找到真正的快乐和幸福。相反，如果我们总想着自己所拥有的已经够多、够好，那么就会生出强烈的满足感，也就更容易产生幸福感。

固然道理如此，然而现实中的大多数人还是对名利趋之若鹜。一旦目的没能达到，愿望实现不了，就会垂头丧气，心有不甘。

其实，面对生活，我们就像进入一个自助餐厅，食物会有很多，正确的方法不是每一样都吃，而是去挑选自己最喜欢的。

我们来看下面一个故事：

一个山民，终日以砍柴为生，生活非常艰苦。于是，他不断地在佛前烧香祈愿，希望佛祖能帮他走出困境。

终于佛祖大发慈悲，让他在一次砍柴过程中捡到了一个金罗汉！

这下可不得了，他一下子成了有钱人，于是又买房子又买地。亲朋好友们也都前来向他祝贺，目光里充满了羡慕之情。

可是，拥有了这么多财富的山民，并没有长期快乐下去，他只是高兴了一段时间，就又发起愁来，吃饭也吃不香，睡觉也睡不踏实。

他的老婆看在眼里，忙安慰他说："偌大的家产，就是贼偷，一时半会儿也不能偷光啊！你愁什么呢！"

山民并没有因此而快乐起来，他对老婆说道："你一个妇道人家哪里知道，怕人偷只是原因之一！"山民叹了口气，继续说道，"你怎么没想想，总共有 18 个罗汉呢，现在我才只有一个，那 17 个不知道在什么地方呢。要是连它们也挖到，我就满足了。"

看了这个故事，我们只能说这个山民贪得无厌，心有妄求。

可是现实生活中，像山民这样的人是不是也有很多呢？

有的人有稳定的工作，却依然还不满现状，他们总是觉得自己的工资太低，老板给的福利太少。有的人有稳定的生活，却依然不甘于平淡地过日子。他们总是"节外生枝"地给自己找一些刺激，所以"小三"开始成为灾荒。有的人本来可以凭借自己的本领取得成功，可是往往操之过急，一失足成千古恨……

欲望，常常被认为是一种心理贫穷。尤其是在物质糜烂的今天，精神领域的力量已经开始不平衡的摇摆，欲望变得越来越"变本加厉"。

有人对欲望做了一个这样的比喻：欲望就像给口渴的人喝盐水，往往喝得越多反而越渴。让我们看看现实中那些欲望强烈的人，他们羡慕别人的小资生活、嫉妒别人的豪宅名车、垂涎他人的万贯家财。因为欲望的膨胀，让他们不知不觉就掉进了越来越深的陷阱，并且越陷越深。最可悲的是，他们在这种旋涡里徘徊挣扎，会渐渐淡忘掉自己的"曾经拥有"。

其实，知足是一种生活的智慧，因为过多的欲望除了给自己带来不快乐之外，实在没有有价值的东西。正如道家鼻祖老子在《道德经》所言的："甚爱必大费，多藏必厚亡。故知足不辱，知止不殆，可以长久矣。"这句话的意思是说，如果过于追逐名利就必定会付出更多的代价，如果过于积敛财富，就必定会遭到更为惨重的损失。只有懂得满足，才不会受到屈辱，只有懂得适可而止，才不会遇到危险，这样才可以保持长久的平安。

★心怀感激

一个没有感激之心的人是不能知足的，而只有懂得感激的人才会看重自己生活中所拥有的东西，而不只关注自己所缺少的。如果你想知道什么是应该表示感激的，那么不妨拿出纸笔写下来吧——记录下你生活中所有美好的事物。长期坚持下去，你的注意力将会重新转移到你已经拥有的美好事物上来。

★控制自己的心态

有些人总会琢磨：要是我获得了什么什么，我就开心了。殊不知，当获得了原来期盼的东西后，接着又会有新的愿望。这样周而复始，就会永远处于"追求开心"而无法真正开心的状态中。

这些人最大的问题是没有学会控制自己的心态。不知道幸福并非是对任何财富的获取，而仅仅基于一个人决定怎样开心地生活。

★停止和别人进行比较

俗话说"人比人气死人"，不管我们的生活多好，只要和比自己条件更优越的人进行比较，就会产生令自己不满的情绪。因为在这个世界上总是有人显得比你要好，而且看起来生活得很完美。而且实际情况是，我们总是将自己最糟糕的一面与我们对别人最好的假设进行比较，就好比拿自己的短板去比较别人的长板，又能有什么满足感可言呢。

其实,我们心中所勾勒的别人的生活并没有我们想象出来的那般美好,我们应该告诉自己的是:你是唯一的,你也是特别的,你有你自己的生活,而不要艳羡别人的生活。

事实上,人生最大的烦恼是从不知足开始的,是从没有意义的比较开始的。

岂不知,大千世界,总不能让自己的生活如"事事如意"的祝福那样,总会有比自己强的和不如自己的人。当我们的心理不满足的时候,不妨想一想这句话:当我哭泣没鞋穿的时候,我发现有人却没脚。总之,我们不要祈求太多,而应学会知足。只有脚踏实地地做事,实实在在地做人,认认真真地对待每一天,我们的生活才会过得轻松起来。

善待生命中的每一天

为了生活,我们每天穿梭于钢筋水泥铸就的丛林里,忘记了微笑,放弃了欢乐,以疲惫结束一天的辛劳,用压力迎接明天的太阳。

或许你会说,不这样又能怎样呢?我们需要实现自己的生命价值,需要承担自身角色应负的责任。

没错,我们的确需要如此。但不要忘了,在不停地奔波过程中,我们的身体需要休息,我们的生命需要抚慰。换句话说,我们需要善待自己的生命,只有这样,我们才能轻松地过好每一天,让自己带着快乐的情绪迎接每一个挑战。

一天,一个非常富有的商人来到一个小渔村的码头上,看见一个渔夫正好捕鱼归来。商人看到渔夫的船舱并没装满,出于好奇,便问渔夫道:"你捕捞这么些量的鱼要花多长时间?"

渔夫回答说:"要不了多长时间,一会儿工夫就捕捞到了。"

商人接着问:"那你为什么不再多捕捞一会儿,直到把鱼舱装满为止?多劳多得嘛。"

渔夫笑呵呵地回答:"要那么多干嘛,这些足够我们一家人生活的啦。"

商人不解:"那你那么早就收工回家,剩下那些时间都拿去干什么呢?"

"呵呵,其实我每天的生活就是睡觉睡到自然醒,然后出海打几条鱼,打完鱼回到家后,和我们的孩子们玩上一会儿,吃完午餐后睡个午觉,傍晚的时候再到镇上喝杯酒,和朋友们聊聊天,唱唱歌,然后回家睡觉。我这一天的日子过得可是充实而又忙碌呢!"

习惯了快节奏高效率生活工作的商人,哪里接受得了渔夫这种"懒散"的生活方式,便打算改变一下渔夫这种浪费时间的奢侈行为,于是说道:

"我是个善于经营的商人,最擅长的事就是挣钱。你如果想挣很多钱,发大财的话,我倒是可以给你提供几个建议。首先,你每天要多花点时间在捕鱼上,尽量多捕些鱼,就可以多卖些钱;这样慢慢积攒起来后,你就有钱去买一条更大更好的船,就可以捕捞到更多的鱼,挣到更多的钱,你就可以再买几条船,组成一个船队,捕捞到更多的鱼,然后直接把鱼卖给加工厂,而不是鱼贩子。这样一来你挣到的就更多了,然后就可以自己开个加工厂,自产自销,到时候你就会成为老板,富翁,就可以带着家人离开这个贫穷的小渔村,到城里住别墅,过上富裕的生活,然后再不断地壮大你的企业。"

渔夫听完富翁的这一系列发财计划后,只是简单地问了一句:"要真按你的计划做,总共需要多长时间才能实现啊?"

商人得意地回答:"20 年左右吧。"

"那我当上老板之后,又怎么样呢?"

"之后你就会越来越有钱,就可以让企业上市,把股份卖给投资人,随后你会更加有钱。"

"然后呢?"

"然后你就可以退休啦,到海边买一幢海景别墅,每天睡到自然醒,没事出海捕捕鱼,和孩子们玩耍,累了睡个午觉,然后到小镇上找朋友神侃、喝酒。"

渔夫不解道:"那我现在的生活不就是这个样子吗?"

费尽心力,花费自己诸多的时间去不断地挣钱,到最后还是回到最初的状态,这样的循环不禁让我们感到可笑又警醒。

我们的生活最重要的到底是什么?金钱、名利吗?恐怕不是。其实我们人生最重要的就是享受生命的过程。这才是我们最需要去努力经营的东西。现代的我们,整日忙于工作,忙于家务,忙于对金钱名利等物质的追求,每天的生活就是不停地忙碌,不停地奔波,一刻也停不下来,每每总是感叹:"生活好累啊,等哪天闲下来了,一定要……"

我们有着无数个闲下来之后的计划和遐想,可是始终都没一个能实现。春夏秋冬来了又去,去了又来,我们依然还是在奔波。快节奏的生活,让我们每天步履匆匆,渐渐忽略了生活中很多本该关注的小细节和小快乐,我们的生活似乎只剩下忙碌两字。

王羲之的《兰亭集序》里写道:"向之所欣,俯仰之间,已为陈迹,犹不能不以之兴怀。"无论我们怎么努力奋斗,时间并不会因此而停止,生活的脚步也不会停滞。时光荏苒,等我们年华老去,蓦然回首才发现我们似乎错过了生活中很多东西,可错过即成遗憾,我们已经无法再回到当时当景。

我们的一生，说短不短，说长不长，每一天的生活一天天累积起来，就构成了我们的一生。所以，每一天的生活对我们来说都是无比宝贵的，我们不能过得如此马虎和奔忙。

★放下过去

无论那件已经成为过去的事情令你多么懊悔、惋惜、痛苦，既然已经成为过去，就代表它已经从你的生活里消失，不属于当下，就要果断地把它放下，不再去纠缠，那些烦恼自然也就远离你当下的生活。

★不杞人忧天

生活不是科幻电影，我们没有时空穿梭机，没有特异功能，下一秒钟会发生什么事情，谁也不会知道。所以，对于未来那些不可预知的事情，我们就不应该去妄加猜测和担忧。关注此刻正在发生的事情，才是我们最重要的事情。

★专注于此刻正在做的事情

如果你现在正在学习，那就集中精力去学习；如果你正在工作，那就尽力去把工作做得出色。专注于此时此刻我们该做的事情，就是认真地活在当下。

★保持微笑

起床、吃完早餐，接下来就该出门了，在出门之前，请先对着镜子给自己一个微笑吧，并把这种微笑一直持续到每个你遇到的朋友、同事、同学甚至是陌生人身上。礼貌对待每个你在今天遇到的人，并致以善意的问候和关心，用你的微笑告诉大家你的淡定从容。

★认真工作、学习

不管你是学生还是职场人，既然在今天扮演着这样的角色，就应该尽力扮演好属于自己的角色。无论是工作还是学习，尽力去高效、认真地按计划完成吧。

生命的意义其实一直蕴涵在我们平凡的每一天当中，善待我们生命中的每一天吧，哪怕是早晨那灿烂的阳光，清新的朝露，路边的一株小草，都值得我们去认真品味和对待。

不问过去与未来,活的就是现在

20世纪90年代，有一首歌伴随着《爱你没商量》这部电视剧红遍大江南北，歌曲的名字就叫《活的就是现在》。

是啊，我们每个人都无法让过去作出任何改变，也无法对未来指手画脚，我们最能抓得住的只有现在。在每一个时刻，实际上我们所能做的，所能想的只能是"现在"的事，如果一心多用，总是怅往昔，愁将来，如此的纠结又怎能领悟当下的明澈与喜悦呢！而只有一心一用，认真过好此时此刻，才能真正领略人生的丰富多彩。

据说，在一些沙漠和荒原地区，生长着一种被称作沙鼠的动物。它们为了"衣食无忧"，在旱季到来的时候，都会囤积大量的草根，来准备度过艰难的日子。因此，当旱季到来之前，沙鼠们天天都会忙得不可开交，不停地在自家的洞口进进出出，满嘴都是草根。它们的这股子劲头，颇为令人惊叹。

然而，沙鼠的研究者却发现了这样一个奇怪的现象。那就是，当沙地上的草根足以使它们度过旱季时，沙鼠仍然要拼命地工作，仍然一刻不停地寻找草根，并一定要将草根咬断，运回自己的洞穴，这样他们似乎才能心安理得，才会踏实。否则沙鼠们就会焦躁不安，嗷嗷地叫个不停。

沙鼠的未雨绸缪并没有什么错，但是由于它们不了解实际情况，而多做了很多无用功。因为一只沙鼠在旱季里需要吃掉两公斤草根，而沙鼠一般都要运回十公斤草根。大部分草根到最后都腐烂掉了。沙鼠还要将腐烂的草根清理出洞穴。

尽管可以用"丰衣足食"来形容沙鼠们的生活，但很不幸的是，它们并不能享受太久，因为它们在囤积了很多粮食之后，还是很快便死去了。医生发现，这些沙鼠是因为没有囤积到足够草根的缘故。这是它们头脑中的一种潜意识决定的，并没有任何实际的威胁存在。确切地说，沙鼠们是因为极度的焦虑而死亡。而归根结底，是沙鼠内心的威胁导致的。

这个故事，是否让我们想倒自己及自己周围的朋友们，我们是否也和沙鼠一样过多地考虑了未来，而忽略了当下。

这种情况在我们的现实生活中也并不鲜见，你不妨回想一下，那些常令自己深感不安的事情，往往并不是眼前的事情，而是那些所谓的"明天"和"后天"，那些还没有到来，或者永远也不会到来的事物。

一位智者曾说："这个世界上一大半的悲剧是因为人们的瞻前顾后所造成。这使得他们总是在'得不到'和'已失去'两种痛苦状态间摇摆不定，并感觉自己的人生毫无乐趣！这些人往往在生命的表层停留不前，这是他们生命中最大的障碍，他们因此而迷失了自己，丧失了平常心。要知道，只有将心灵融入世界，用心去感受生命，才能找到生命的真谛。"

可是反观我们面对的现实生活，总会有一些哀怨的言论充斥于我们的耳畔：如果有时间，我就会去世界各地旅行；如果有时间，我或许已学会了演奏某种乐器；如果有时间，我说不定早已成为一名畅销书作家了……

这些人或许不知道，任何的空想都是没用的，只有脚踏实地地面对当下，抓住今天，把握现在，才能不为过往而懊悔，不为将来而感慨。

美国夏威夷岛上的学生上课前的祈祷词所说:"一个人的一生只有3天——昨天、今天和明天。昨天已经过去,永不复返;今天已经和你在一起,但很快也会过去;明天就要到来,但也会消逝。抓紧时间吧,一生只有3天。"

这段看上去普普通通的文字,说明的却是人生的大道理。或许我们中的很多人,一腔热血满怀激情,想做这个,想学那个,但到头来却没有付诸行动。可见,如果不能打起精神抓住现在,去做自己想做的、该做的事,这一生恐怕难有长进了。

没错,我们的一生只有3天。昨天已成过去,明天尚未到来,而我们可以主宰的也就只有当下这一刻了。当认清这一事实之后,我们是不是已经充分认识到"不问过去与未来,活的就是现在"的意义了呢?

★相信幸福蕴涵在平淡之中

幸福是很多人渴望的,但是在生活中,能够真正体会到幸福的人却寥寥无几。因为这些人不甘于平淡,更不甘于过平静的生活,这样难免会就会斤斤计较,那烦恼和痛苦也自然少不了。

现代社会,人们往往将自己的生活方式规定得太过烦琐,比如女士要用爱马仕的包,要用迪奥香水,要穿高档服装,男士要穿鳄鱼T恤,要开奔驰宝马,要戴劳力士的手表,孩子要上贵族学校,要用最新款的手机……这些被人们称之为"品位"的东西,其实是心灵的一种枷锁。它将人们从平淡幸福的生活中剥离出来,投入到生活的固定的程序中成为一个超豪华的奴隶。这样的生活,又哪有快乐和幸福可言?当人们开始沉溺于这种物质生活的品质,忽略了自己内心的欢乐时,就真正与幸福分道扬镳了。所以说,幸福是一种平淡的生活和一种平淡的心态。如果你想得到幸福,就该舍弃那些该舍弃的枷锁了。

★珍惜眼前所拥有的

我们生活的空间无时无刻不在上演着自然轮回、稍纵即逝的规律。时间不会为我们停留，历史不会为我们守候，生命的年轮总是随着日出日落而辉煌和消遁，而幸福的生活就在此刻。我们只有珍惜当下所拥有的，才能享受到生命永恒的快乐。为此，劳累一天，精疲力竭还要加班加点的我们，是否也应该尽快地停下脚步审视一下自己，这样的忙碌是为了什么？我们生活的意义究竟是什么？生命的价值又在哪里？当你的脚步慢下来，也许我们就会翻然醒悟，在当下的这一切，享受当下所拥有的东西，才是上天赐予生命的重要意义。

★摆脱别人幸福的影子

生活在大千世界，每个人都有自己的人生舞台，都有适合的角色。其实，大部分的人都明白这个道理：我们都是比上不足，比下有余。但是仍旧还是会忍不住要去与别人比较，处在与人比较后的烦恼中不能醒悟：比较物质、比较金钱、比较名利、比较幸福……在物欲高涨中的社会中，比较只会让我们烦恼重重。所以，当我们心情烦躁的时候，请自觉地自问一下：自己是否正处于比较后不平衡的心理状态中？如果是，请赶紧远离这种比较，因为一旦养成这种习惯，便会随时随地吞噬掉我们的快乐。

钟表用滴答声把时间带走，昨天已经成为了过去，明天还没有到来，我们能够面对的，只有今天，只有现在。忍受时光的残忍，对我们来说毫无意义，倒不如把一切都放下，不去考虑曾经的辉煌，曾经的遗憾，不去展望未来的胜景，未来的期盼，而是仅仅抓住当下，活在现在。只有活在当下，才算活出了人生的真正意义，也预示着能够活出最为精彩的未来。

把人生当作一场旅行

有这样一句话:"人生就像一场旅行,不必在乎目的地,在乎的,是沿途的风景,以及看风景时的心情。"

的确,人生在世,每个人都有自己的生存状态,每个人都有自己的心路历程,也各有各的价值观念,这些都是不能强求的。在物欲横行的今天,如果一个人注意调适自我,对物欲的追求少一点,对精神的追求多一点,多一份闲云野鹤的生活,少一点尘世的负累,把人生当做是一场旅行,那么就可以从容地欣赏到沿途的美景了。

然而,我们却总是踩着匆忙的脚步,马不停蹄地奔向一个又一个目标,却忘记了回一回头,或者把脚步放慢一些,看看被我们忽略的一道道风景。

有个拥有亿万资产的企业家,年轻的时候,为了自己的事业,日复一日地拼命奔波,就像一匹戴着眼罩拼命往前跑的马,除了终点和白线之外,什么都看不见。

有一位老人看到了他忙碌的样子,上前对他说:"孩子,别跑得太快,否则,你会错过路上的好风景!"

可是年轻人根本听不进去老人的话,心想:一个人,既然知道要怎么走,为什么还要停下来浪费时间呢?然后继续往前跑。

就这样,时间一年年地过去了,他有了地位,也有了名誉和财富及一个幸福的家庭。可他并没有感觉到像别人那样快乐，也不明白不快乐的原因在哪里。

有一次，他去参加一个谈判，是一个大项目，能给他带来数千万的收益。这一次的谈判很顺利，结束的时候，他的手机里出现了一条短信，是妻子发来的：第三个孩子出生了。

那一刻他觉得非常难过，孩子们出生的时候，他都不在家，都是妻子一个人承担养育孩子的辛苦。他也从来没看过孩子们第一次说话、第一次走路、第一次哈哈大笑的样子。

这时，他想起了曾经在一本杂志上看到的话：人生不是赛跑，有人走快了几步，有人走慢了几步，是再正常不过的。但是不能因为忙碌，而错过了眼前的美好。

此时，他似乎明白了什么。于是，他决定要回家一趟，至少要陪妻子度过她这次的月子，并且在以后的生活中，也要把工作适当地放一放，多抽时间陪一陪家人。

其实，在我们人生中，不光是事业和成功，也绝非只有目标和理想，我们生活中的每一天，我们生命旅程的每一步，都有值得驻足观望的"风景"。所以，放慢你的脚步，认真去体味那些因为忙碌而可能会错过的一切吧！

如果你想孝敬父母，那么现在就开始行动。不要总认为等自己有钱了再为父母买这买那，要知道"子欲养而亲不待"，或许等你有了钱，父母那时也许不一定能够享用。

如果你想到处走走，那么就尽快拟定线路，准备实施吧，而不要等到自己很富足，或者没有工作压力。或许那时候你已经没有心气，也没有体力旅行了。

如果你觉得自己前进的道路上总是不断地有困难出现，让你头痛不已,那么不妨换个角度,把这些当做前进旅途上的小插曲,或者看做是上天对自己的考验。

既然我们有幸来到这多彩多姿的世界里,那么就应该像旅行家那样,把自己所遇到的、所经历的都看作旅途上的风景,同时我们也不必一味地向前冲,而要适时地懂得欣赏和流连。

★笑对人生的输赢得失

输赢在一定程度上决定了我们人生的成败得失,但是我们不能把它看得太重,因为输与赢都不是绝对的,也不是永恒的。今天赢了,不等于永远赢了;今天输了,只是暂时还没赢。不管是输是赢,只要我们能够抱着积极的心态,有一颗淡泊名利得失、笑看输赢成败的心,就会有勇气迎战突如其来的挫折,而不会被眼前的困苦击垮。

★学会忘记,给自己喝一碗"孟婆汤"

著名诗人泰戈尔曾说这样一句发人深省的话:"如果你为失去太阳而哭泣,你也将失去星星。"这句话旨在告诫我们,曾经的遭遇,曾经的困惑,我们不要总是耿耿于怀,而应该忘记过去,尽快从痛苦中解脱出来。只有这样,才能把握好今天,让自己迎接新的挑战。

无论我们生命的路途,是长是短,是平坦还是崎岖,都不能妨碍我们欣赏路上的风景。当我们凝神伫立,当我们翘首远望,那些开在旅途中的花朵,乃至那些破旧的断壁残垣,都是我们一路走来的收获啊。是它们,丰富了我们的生命;是它们,滋润了我们的人生!

永远给生活以希望

一位智者说:"人是生活在希望之中的。"这句话的确有很深的哲理,正是因为对未来有很多的希望,我们才有无尽的激情,才有持续的动力,才有无穷的创造力,我们的潜能才得以尽情地发挥,我们的人生也因此创造了许多意想不到的奇迹,变得多彩和精彩。

一个人如果失去了对未来的希望,那么他将活在一片渺茫和阴云之中,人的潜能将会遭到扼杀,最终必将使人生变得暗淡无光。因此,我们需要憧憬和描绘未来,一张张蓝图展现在我们面前,未来是多么地美好,从而激发出我们对未来生活的渴望。

第二次世界大战结束之后,德国的土地上到处是凌乱不堪的废墟。当时,美国社会学家波普诺带着几名随行人员到实地考察,他们发现,很多德国居民都被迫入住到了地下室里。而后,波普诺向随从人员问了一个问题。"你们看,像这样的民族还能振兴起来吗?"

随行的人随口回答道:"很难说。"

"他们肯定能!"波普诺非常坚定地给予纠正。

人们不解,问:"为什么呢?"

波普诺看了看他们,又问:"你们到了每一户人家的时候,看到了他们桌上都放了什么?"

随从人员异口同声地说:"一盆鲜花。"

"那就对了!任何一个民族,处在这样困苦的境地,还没有忘记爱美,那就一定能在废墟上重建家园!"

是啊,在一片废墟上还能用鲜花来装点生活的人们,谁又能说他们没有希望呢?而能够将废墟变成美丽家园的,也只有希望。就像莎士比亚所说:"治疗不幸的药,只有希望。"希望是一贴心灵的药方,它可以治愈不幸,甚至灾难。

生活与现实生活中的我们,不管是从事何种职业,也不管是成长在何种环境中,都会有一些意想不到的坎坷和困惑不期而至;随着生活节奏的加快,或多或少地都会遭受身体的疲惫,精神的劳累,思想的匮乏和情感茫然的困扰,这些会使我们感到生活了无生趣。

尽管如此,我们仍要给生活以希望。当我们给自己以生活的希望时,生活肯定会一片阳光。

一位汽车修理工曾说:"好的引擎才能马力强劲。"我们的人生又何尝不是如此?

所以说,只要我们注入希望的油料,心就会强有力地跳跃。因为希望会给我们带来活力、目标、坚强与生命力。对此,亚尔伯特·赫伯特给了我们这样充满希望的宝贵忠告:"收起下腭抬起头,肺里吸满空气与阳光,对朋友微笑点头,真诚地与人握手,不要怕受到误解。不要浪费时间去想自己的敌人。要在心里确切地刻画自己的目的。这样便不会迷失方向,笔直地朝着目标迈进。"

★让快乐常驻心间

快乐和幸福相似,都是源自我们内心的一种主观体验。而这种体验的决定权则在那两个分别叫做"悲观"和"乐观"的家伙手里。

面对同样的半杯水,悲观的人会想:只有半杯水了,以后可怎么办?而乐观的人则会琢磨:真是太好了,还有半杯水,至少未来一段时间不用发愁了。悲观的人即使拥有良田千顷，广厦万间，也会看到生活的灰暗面，想到人生的种种不如意；而乐观的人即使身处逆境，也会告诉自己"这不过是一次锻炼自己的机会罢了"。

两相对照，我们不难得出这样的结论：悲观的人总是不快乐，乐观的人则总是很开心。而且更重要的是，后者比前者更容易战胜困难，走出困境，也更容易拥有美好的人生。因此说来，我们有必要让自己练就快乐的本领，这样，我们也就拥有了享受人生、笑看人生的胸怀和能力。

★拒绝抑郁来"敲门"

现实生活中，不少人常会感到忧伤、绝望，一些人容易哭泣，其实这已经是抑郁症的表现。这种心理状态如果持续下去，将会变得非常严重。我们不要让自己陷入过度的忧郁情绪中，而要保持对生活的希望与乐观。

当心情郁闷的时候，不妨换个环境散心，找个好友倾吐出自己的不快，做些自己喜欢的事，或者找专业辅导人员协助等等，这些都是避免让自己长期陷入情绪深渊的方法。这些方向，都能让我们拥有更宽容的生活、更快乐的自己和更美好的未来。

★活出最真实的自己

一位作家在她一本书的扉页上写道："戴着面具求生存是很多人的本能。"这的确是一句让人听起来感到内心发颤的话。难道我们生活的周围是如此"深不可测"吗？真实真的是那么遥不可及吗？殊不知，生命本身是那样的简单和纯粹，所有的复杂皆是出自人为因素。

其实，只要我们还心灵一份真实，无论对人对事，还是对整个世界，拿出自己的真心、诚实、坦率和善意，给世界一个真实的自己，很可能我们就会感到内心豁然开朗，一切也变得容易驾驭。

每朵花都有盛开的理由

印度著名诗人泰戈尔曾在自己的诗篇中写过这样一句话:"你知道,你爱惜,花儿努力地开。你不识,你不厌,花儿努力地开。"是的,就像雄鹰注定要在高空翱翔,鱼儿在水里畅游,骏马在旷野驰骋一样,花儿生来就是为了绚丽地绽放,这是它们的使命。虽然艰辛短暂,虽然最终会凋谢,但相较于盛开时的美丽绚烂来说,这些便不值一提了。

试想, 如果花儿因惧怕光明之前的艰辛孤独以及绚烂之后的枯竭凋零而拒绝或者停止盛开,这个世界将失去多少醉人的风景?

我们的生命来到这个世界,就如同花一样,注定要经历人生的酸甜苦辣,在面对困难、挫折、打击的时候,你是像花儿一样,积极乐观地继续勇敢绽放?还是缩起身体,如花苞一样停止不前呢?

海伦·凯勒是世界著名的盲聋女作家、教育家。她在一岁半的时候因患猩红热而失去了听力和视力,同时也丧失了说话的能力。

身处黑暗孤单的无声世界,海伦·凯勒并没有悲观失意、自暴自弃,而是用积极乐观的心态面对现实, 并且在老师安妮·莎莉文的帮助指导下,用乐观的精神和顽强的意志克服了身心的痛苦和煎熬而取得了胜利。

她热爱着这个世界的一切和自己的生活, 并怀着极大的热情学习尽可能多的知识,在自己的努力和导师的帮助下,她竟奇迹般地学会了读书和说话,并且能够和他人进行沟通交流。

最后,海伦·凯勒以优异的成绩从美国哈佛大学拉德克里夫学院顺利毕业,成为世界上第一个完成大学教育的盲聋人。她学识渊博,精通英、德、法、希腊、拉丁等五种语言文字,还曾被美国《时代周刊》评选为"20世纪美国十大英雄偶像"之一,被授予"总统自由奖章"。

海伦·凯勒坚持写作,笔耕不辍,一生共写了14部著作。处女作《我的生活》一发表就在美国引起了轰动,被专家称为"世界文学史上无与伦比的杰作"。

她的代表作《假如给我三天光明》在全世界广为流传,文章以自己为原型,告诫世界上四肢健全的人们要珍爱生命,珍惜造物主赐予的一切,激励了一代又一代年轻人。

在不断提高、完善自我的同时,海伦·凯勒还努力帮助、鼓励和自己有同样遭遇的人们。她走遍美国和世界各地,为盲人学校募集资金,在盲人福利和教育事业上倾尽了自己的一生。

著名作家马克·吐温曾说过这样一句话:"19世纪有两个值得关注的人,一个是拿破仑,另一个就是海伦·凯勒。"

作为一名失去视力、听力和语言的弱势女子,海伦·凯勒并没有悲观消极、屈服于不幸的命运安排,而是以积极乐观的情绪和一颗不屈不挠的心,勇敢接受了生命的挑战,用惊人的毅力面对生活中的困难和逆境,用自己最大的热忱去拥抱整个世界,最终在黑暗的世界里找到了自己人生的光明,同时又毫不吝啬地将自己温暖慈爱的双手伸向了那些需要帮助的人,不仅给自己也给别人带来希望。

海伦·凯勒的伟大事迹,令很多身体健全的人都自叹不如。这位让人竖起大拇指的奇女子,在她87年无光、无声、无语的孤寂岁月里,践行了许多在身体健全的人眼里都难以实现的事情。而取得这样惊人的成就,很大一部分归根于她积极乐观的心态,她坚信自己依然是一朵可以盛开的鲜花。

由此可见，拥有积极乐观的情绪对人的一生有着极其重要的影响。相较于那些陷在悲观消极的泥淖里不能自拔的人来说，有着积极乐观心态的人更容易看到事物的光明面。

★自我鼓励，让自己坦然面对挫折

借助某些生活哲理或者某些积极正面的思想来安慰激励自己，从而让自己有勇气去面对困难和挫折，并与之进行斗争。有效掌握这种方法，能帮助你尽快从痛苦、逆境中摆脱出来。

★语言暗示，让自己相信"我能行"

语言对情绪有着不可忽视的影响，当你被消极悲观的情绪所控制时，可以采取言语暗示的方法来调整自己的不良情绪。

比如朗诵励志的名言或故事；心里默默对自己说"不要悲观"、"你行的"、"悲观消极于事无补，甚至会使事情变得更糟糕"、"与其消极逃避，不如积极面对"等诸如此类的话；不断用言语对自己进行提醒、命令、暗示等等。这种语言暗示法非常有利于情绪的好转。

★转移注意力，让自己振奋精神

当遇到痛苦、打击时，我们千万不要陷在悲观的泥淖里无法自拔。这个时候，不妨试着转移一下自己的注意力，看看调节情绪的影视作品（以励志、温情剧为佳）或者读读积极、振奋人心的书籍（如名人传记、励志书等），在这样一个过程中，你之前的消极情绪就会不知不觉转向积极、有意义的方面，心情也会随之豁然开朗。

★换个环境，让心情快乐好起来

外在的环境对情绪有着重要的影响。光线明亮、舒适宜人的外在环境能够给人带来愉悦，而在阴暗狭窄、肮脏不堪的环境下，人们很容易产生不快、消极的情绪。所以，亲爱的朋友们，当你感到悲观失落时，不妨走出去散散心，享受一下大自然的美景，这样非常有利于身心调节。

亲爱的朋友，请仔细打量一下自己，看看你的天空是否总是布满阴霾?你的脸上是否仍挂满忧愁?你的生活是否总是遭遇滑铁卢?如果是,请你学着用积极乐观的心态去对待这一切，相信自己的生命依然可以像鲜艳的花儿一样绚烂绽放。

挖掘潜意识里的生命宝藏

如果把人的所有意识比喻为一座冰山,那么被大多数人利用的显性意识就像浮出水面的冰山一角,仅仅占到了整体意识的百分之五。也就是说,绝大部分"隐藏在冰山底下"的意识都属于人脑中的潜意识。

在大脑隐藏着的潜意识里,蕴藏着我们在过去所得到的最好的生存情报。因此,只要善于挖掘这种与生俱来的能力,我们几乎就可以轻易实现自己的愿望。

除此之外,潜意识还是我们情感的发源地。潜意识一旦接受了某种想法,就开始随着这个想法的轨迹开始执行。它既接受积极的好想法,也会接受消极的坏想法。

如果你的大脑中总是在想好的事情,那么,好事自然就会来找你;如果你消极地使用这个规律,脑中都是坏想法,潜意识就会给你带来失败和沮丧。如果善于挖掘这股潜在的能力,让自己的思维方式变得具有创造性,那么,你不但可以最大限度地开发自己的潜能,还会拥有成功和一切美好的事情。

因此,不论才智的高低和背景的好坏,只要学会在积极的轨道上挖掘自己的潜能,就可以在最大程度上实现自己的愿望,从而呈现出最优秀的自我。

姜桂芝原先是一个下岗女工,经过 8 年的时间,成为了一个有着八百多万资产的企业厂长。

这位很朴素的"女强人"说:"以前我一直都觉得自己没什么能耐,能在单位混口饭吃就觉得心满意足。如果不是遇到下岗,恐怕这一辈子都会浑浑噩噩地度过。"

在姜桂芝 45 岁的那年,她所在的工厂宣告破产,她成为一名下岗女工。由于丈夫在一年前也下了岗,儿子还正在读大学。为了使这个家继续支撑下去,她将所有的眼泪和痛苦咽到了肚子里,决定到街上摆个小摊卖早餐。

以前没下岗的时候,她都是七点半起床,然后才开始不慌不忙洗漱出门。可是现在,她必须五点钟就起床,提前将摆摊要用的工具和食物都准备好。

刚开始出摊的时候,她总会觉得不好意思,叫卖时的声音都是结结巴巴的。慢慢地,她的胆子开始变大了,每天早上都会对着街上来来往往的人高喊:"卖包子!热腾腾的包子啦!"或者对路过小摊的行人说"坐下喝碗豆浆吧!我家的豆浆既营养又卫生!"有时她还会在客人吃包子的时候,赠送一份自制的咸菜。

于是,很多人都喜欢光顾她的生意。到了月底的时候,她大致结算了一下,除去成本外,居然有两千元的纯利润,整整比下岗前的工资多了一倍,她非常兴奋。

虽然卖早餐要比上班的时候要累很多,但是她却很高兴,心里变得豁亮起来。

由于生意越来越红火，她一个人开始忙不过来了，于是说服拉三轮的丈夫跟她一起出摊。夫妻俩齐心协力，开始了新的人生旅程。

他们从卖早餐开始，到盘下店面卖饺子、卖小吃，后来又开了一家面食加工厂。8年的时间，姜桂芝从一个生活无着落的下岗女工成为一个有八百多万固定资产的民营企业的女厂长，被当地政府评为"再就业明星"、"市三八红旗手"。

在我们生活的周围，有多少人过得浑浑噩噩，在安乐的生活中懈怠？又有多少人像下岗之前的姜桂芝那样认为自己没有什么本事，并为此安于现状、不思进取？

其实，有些时候，我们需要一种危机感，激发我们自身深藏的潜能，唤醒内心深处被掩埋已久的激情，实现人生的最大价值。

虽然潜能可以帮助我们实现自己的人生价值，但是潜能需要积极地去开发才能变成实际的能力。很多人不但不清楚自己具备哪些潜能，而且也没有一个明确的目标来激励自己开发潜能。因此，我们要掌握开发潜能的方法，这样才会有获得成功的希望。

★ **确立明确的志向**

人必须要有清晰和固定的目标，否则难以察觉到自己内在的潜能。因此，确立了一个明确的志向才会对自己严格要求，勇于克服前进道路上的一切困难。有些人智力很高，尽管可以成为有意义的特殊人物，但由于没有远大的志向，智力得不到彻底地发挥，永远只能是一个普通人。古人所讲的"志不强者智不达""非志无以成学"就是这个道理。

★ **提高身心的健康水平**

健康的身体可以带来愉悦的心情，愉悦的心情可以开发人的智力机能。如果没有一个好的身心，人的智力就会受到限制。可见拥有一个健康的身心是挖掘潜能的基础。要使身心健康，不但要调整饮食、睡眠和运动，还要培养自己良好的心理品质。

★学会坚持

在向目标迈进和开发潜能的过程中,挫折和困难将会随时出现。这时,我们必须坚持、坚持、再坚持。从现在开始,将你所有的才华和能力聚集在一个特定的目标上,并且专注地坚持下去,你就可以逐渐地开发出令自己吃惊的潜能。

★学会自我激励

一个没有受到激励的人,只能发挥其能力的四分之一,而当他受到激励时,其能力就可以发挥到所有能力的四分之三。也就是说,同样一个人,在通过充分激励后,所发挥的作用相当于激励前的三倍。

所以,我们必须学会自我激励。自我激励的秘诀就是,无论环境好坏,都要不断地鼓励自己。

在我们的本性中,都希望自己能够成为想象中的样子。为了让自己朝着目标的方向发展,就要在心中清楚自己最想成为一个什么样的人。

在确定了这个目标之后,不妨问问自己现在需要做出哪方面的改变,准备在什么时候开始行动。只要你有一个明确的目标,并且清楚想要做什么事情,而且在努力的途中不轻言放弃,就可以打开生命中潜在的宝藏,发挥人生的最大价值。

第 四 章

微笑对于一切痛苦都有着超然的力量
——学会用欣赏的眼光看磨难

有一首诗,里面有这样几句:"假如生活欺骗了你,不要悲伤,不要心急,忧郁的日子里需要镇静,相信吧,快乐的日子将会来临。"其实,在我们的生活中,随时都可能遭遇凄风冷雨,磨难随时都有可能来到我们的面前。对于磨难和痛苦,我们要拥有一颗乐观的心,用微笑来面对它。因为磨难和痛苦并不是阻碍我们前进的路障,而是推动我们前进的"大手"。所以,我们应把它看作一笔宝贵的财富,让我们的心灵更加充实,让我们的内心更加充满力量。

挫折也是人生的财富

　　我们中的每一个人，都希望自己的一生能够平平安安，一帆风顺。就像有人说的：人生的路上，即使没有莺歌燕舞，没有盛开的鲜花，那也最好没有风雨，没有坎坷和挫折。然而，我们心里也都清楚，这是不可能的。

　　换句话说，人生在世，谁都会遇到挫折，无论你是坚强的男人还是柔弱的女子，你都逃脱不了这份"幸运"。但是能改变的是你对于挫折的态度，它决定了挫折对于你的意义。我们先来看一个遭遇挫折的案例：

　　在一年前的结业考试中，朗佛森教授给一位将要毕业女学生索菲雅打了个不及格的成绩。这件事对索菲雅打击很大，因为她早已做好毕业后的各种计划，现在不得不取消，真的很难堪。她只有两条路可以走：第一是重修这门课程，下年度毕业时再拿到学位。第二是不要学位一走了之。在知道不能更改后，她大发脾气，向教授发泄了一通。朗佛森教授等待她平静了下来后对她说："你说的大部分都很对，确实有许多知名人物几乎不知道这一课程的内容，你将来很可能不用这门知识就能获得成功，你也可能一辈子都用不到这门课程里的知识，但是你对这门课的态度却对你大有影响。"

　　"你是什么意思？"索菲雅问道。

　　朗佛森教授回答说："我能不能给你一个建议呢？我知道你相当失望，我了解你的感觉。我也不会怪你。但是请你用积极的态度来面对这件事吧。这一课程非常非常重要。请你记住这个教训，以后你就会知道，它是使你收获最大的一个教训。"

后来索菲雅又重修了这门功课，而且成绩非常优异。不久，她特地向朗佛森授致谢，而且非常感激那场争论。

"这次不及格真的使我受益无穷，"她说，"看起来可能有点奇怪，我甚至庆幸那次没有通过，因为我经历了挫折，并尝到了成功的滋味。"

通过这个故事，我们可以感受到，尽管挫折使我们痛苦，但同时又是一种考验和挑战，激励我们成长、成熟。

其实，这也是生活的一种方式。也就是说，使我们成长、成熟和成功的因素，并不在于挫折的有无和强弱，而在于我们在面对挫折时所持的态度。有些挫折看上去很可怕，可是更可怕的是我们对它屈服。如果我们不害怕失败，那么在失败面前就能有信心，有勇气，我们就走过泥泞，走过风雨，成功就在我们面前。

古往今来，有多少仁人志士都能够直面人生的困苦，并战胜人生的挫折，最终给世人留下永恒的记忆。"山重水复疑无路，柳暗花明又一村"是陆游的路，在人生的挫折面前，他是如此的自信；"千磨万击还坚韧，任尔东西南北风"是郑板桥的路，当面对挫折，他能秉持如此豁达的态度和坚毅的品质；"苦心人，天不负；卧薪尝胆，三千越甲可吞吴"是越王勾践的路，对于挫折，他学会了蔑视，学会了坚强……

事实上，任何一个人，在自己的人生旅途中，都会经历挫折。面对挫折，我们只有具备百折不挠的意志，才能跨越挫折所布下的障碍，成功到达理想的彼岸。

可是这终归是一种理想的状态罢了，我们看到生活中有不少人因偶尔经历了某次打击就会产生"我不行"、再努力也是白白浪费时间等错误的想法。不难想象，这样在挫折面前缩手缩脚，其人生就会白白虚度。

正确的做法应该是像上面列举的那些有着坚毅顽强的品格的古人那

样,把挫折当成我们人生路上的试金石。因为很多时候,挫折对一个人的品格与修养都是极大的考验。鲁迅先生曾经彷徨过,伽利略、哥白尼曾经屈服过,音乐家贝多芬还曾想自杀过。但可喜的是,他们通过斗争,最终都坚定地走向了真理,更加磨炼了自己的意志和毅力。

我们应该告诉自己,经受挫折没有什么大不了,关键是要在挫折中变得聪明,变得坚强,变得成熟,变得完美,这样才能把每次挫折都变成一次锻炼自己、完善自我的机会。

★沉着面对,冷静分析

当看到那些成功的人士,我们往往会羡慕那一份荣耀,而无法去体会人家成功背后所付出的辛酸和努力。因为和我们一样,成功者在其走向成功的道路上,也会遭遇或大或小的挫折。问题的关键是,他们能够在挫折和打击面前沉着冷静地思考,而不是惊慌和害怕。所以,我们为了实现自己的理想,也要在挫折面前冷静应对,寻找出挫折的原因,认真总结经验教训。

★保持乐观的态度

经常保持自信和乐观的态度,要认识到正是挫折和教训才使我们变得聪明和成熟,正是失败本身才最终造就了成功。能够在一切事情都十分不顺利时还依然微笑的人,要比一面临艰难困苦,勇气就崩溃的人强得多。背向黑暗、面对光明,阴影会自动消失在你的后面的。

★调整、转化目标

俗话说"此路不通彼路通",我们在奔向成功的路上,不要非得在"一棵树上吊死",因为我们制定的目标有可能是脱离自己应有的水平的,这样实现起来自然会有难度。所以,当有些目标不切实际时,就干脆放弃;还有时候,一些目标过高,我们却不能够放弃,那么这时候就应当适当调整,可以把大目标分解成若干个小目标,然后通过实现小目标,最终达到大目标。

★倾诉衷肠，学会情绪宣泄

成功的时候，需要有人来分享我们的喜悦，同样，失败的时候也需要有人来分担我们的忧愁。所以，当你遭遇挫折和打击而又疲于应付的时候，亲密的朋友和家长都可以给你心灵的安慰。这时候，不妨向他们倾吐你心中的不满和悲伤，得到他们精神的支持和鼓励，使自己尽快走出精神的低谷。如果一味地压抑自己的情绪，那么可能会使精神崩溃，最终产生无法挽回的后果。

总之，在挫折面前，我们要秉持一种积极的态度，虽然它使我们痛苦，但同时对我们来说又是一种考验和挑战，激励我们成长、成熟。只要我们秉持健康、积极地应对挫折的态度，那么我们就不会轻而易举地被挫折击倒，而是会想办法把挫折克服掉、驱赶走，这样，我们就会走过泥泞的道路，走过人生的风雨，摘得成功的果实。

换一种态度看待人生的痛苦

或许，你曾无数次地抱怨：上天为何如此不公？有的人生下来就是享受富贵荣华，集万千宠爱于一身，而有的人却从来到世上就开始为吃饱穿暖而担忧；有的人天生丽质，而有的人却相貌平平……

抱怨归抱怨，日子还得继续。更令你惊奇的是，当自己默默地在岁月中跋涉时，却发现痛苦和不幸居然带来了可贵的生命品质，比如自尊，比如坚韧。或许这正应了一句话：累累伤痛是生命给你的最好的东西。

此时，我们才恍然大悟，原来，人生的痛苦并不尽是坏事呀！

芮婕是一个命运多舛的女人，谁都不知道刚过而立之年的她曾历经了多少痛苦。然而，这个文静、清秀的女人却永远都在保持微笑。如今，命运之神似乎开始了对她的眷顾，而她也找到了属于自己的那份幸福。对于过去，芮婕总是微微一笑，说："没什么，都过去了。对于我所有的经历，无论是痛苦还是快乐，我都同样珍惜。"

芮婕的家乡是一个偏僻的山区，她从小就立志要靠自己改变命运，走出那片大山。辛苦读书十几年，成绩优异的她终于考取了一所不错的大学。但是就在四处奔走凑齐了学费的几天后，积劳成疾的母亲去世了。这个变故使得芮婕不得不放弃了读大学的打算，她用瘦弱的身躯背起了简单的行李，来到了北京，从此过上了一边自学一边打工的生活。

这样一过就是3年，生活的辛苦她熬得住，身体的病痛她也默默承受。从小就身体不好的她在这几年里严重的营养不良，居然又患上了肝病。让她更为痛苦的是，感情深厚的男友在得知她得了严重的肝炎后居然带着她所有的积蓄弃她而去……她没有倒下，而是选择了坚强地生活下去。现在，芮婕的肝病已经痊愈，而她也通过了某大学成教的毕业考试，并且找到了一个真正爱自己的人。两人商定，结婚的日子，就是他们自己的小公司成立的日子……每当说起这些，芮婕没有感慨，她只是说："苦也好，甜也好，这就是生活。痛苦的积累，也就是生命的意义。"

看完这个故事，想必你的心也跟着激荡不已吧。故事中的芮婕，作为一个年轻女性，曾承受过多少的痛苦和苦难啊！尽管如此，她依然坚强和乐观，依然保持着对幸福的向往和追求。她是对的，痛苦对于我们的生命来说也是一笔宝贵的财富，它和幸福与快乐一样都值得我们珍惜。

可是看看我们周围，能够秉持这种想法的人并不是很多，而能够像芮婕一样不被困难和不幸打倒的人更是少之又少。有些人，在心灰意冷、愁肠百结时选择一醉方休,借助酒精来麻痹自己;有些人,在痛苦中苦苦挣扎,慢慢地心理开始失去平衡,于是疯狂地排斥他人和社会,他们的想法就是,自己痛苦,也不能让别人好过;还有些人,在痛苦面前万念俱灰,最终走上了轻生的不归路。

殊不知,抽刀断水水更流,举杯消愁愁更愁。醉得了一时,醉不了一世,当从醉梦中醒来睁开双眼,那刻骨铭心的痛苦依然那么清晰;对于他人和社会造成危害的人,自然会受到法律的严厉制裁,从此更加陷入万劫不复的深渊;而轻生的人,虽然他们自己"解脱"了,但却给亲人和朋友带来了无尽的痛苦。

因此,这样面对痛苦的方式,显然是不正确的,也是我们不提倡的。

那么,面对痛苦,我们应该怀着怎样的态度和采取怎样的行为呢?

其实,说来也简单,只要我们在痛苦面前勇敢、乐观、坚强,那么一切都将过去,前面依然充满阳光。相反,如果我们面对痛苦时畏惧、抱怨、懦弱、沮丧,那么痛苦永远都不会离我们而去,它将令我们彻底地沉沦于其中,生命将永远黑暗。

其实,上天是公平的。或许他给了我们痛苦,但痛苦在带给我们悲伤情绪的同时,也让我们学会自省,学会思索,学会承受。想想看,古今中外有多少不幸而伟大的灵魂,他们的伟大都是屡遭困厄、长期受难而奋发的结果。

所以说,悲惨的命运,可能使我们的灵魂和肉体遭受折磨,但逆境中也孕育着耀眼的火花,只要我们创造适当的条件,火花就会燃烧起来,照亮我们的人生和未来。

因此说,痛苦也好,幸福也罢,这就是我们的生活,这就是我们的生命,它们都是我们必需的担当,都值得我们去珍惜。

★ 了解自我，接纳自我

于幼年时代过于依赖他人和遭遇过多失败的人，往往会在心里产生这样的想法：你行我不行，于是他们就会束缚自我，贬抑自我，结果自然是徒增焦虑，甚至毁了自己。而那些自傲自负的人又往往自命不凡、自吹自擂，却连自己也不认识，结果是欺人一时，欺己一世。

只有那些自信自强的人，才能真正了解自己的动机和目的，正确评估自己的能力，对自己充满自信，对他人深怀尊重。在他们看来，在客观而充分地认识自己的前提下，没有什么是不可战胜的，于是他们走上了那条叫做"我行你也行"的康庄大道。

★ 正视现实，适应环境

但凡成功人士，总是能够和现实保持良好的接触。一方面，他们能够尽可能发挥自己最大的才华和智慧去改造环境，使外界现实更加符合自己的主观愿望；另一方面，当力所不及时，他们又能够另辟蹊径，改变目标或者重新选择方法以适应环境。这样，他们就不会为思维的框框所局限，做起事来也就游刃有余了。

★ 接受他人，善与人处

人是属于社会的，也就是说，作为群居动物的人需要和他人打交道，才能促进自我成长，并实现自身价值。所以，我们要乐于与人交往，能够和他人建立良好的关系。当遭受失败时，他们或许是指导我们前行的导师，或许是抚慰我们心灵的朋友，抑或是倾听我们诉说的兄弟……而这正是我们善待挫折，并重新崛起，进而获得成功的先决条件之一。

★ 热爱工作，学会休闲

有人认为工作最重要的意义就是金钱的获得。其实，工作的最大意义不限于由此获得的物质报酬，它对我们每个人来说，还具有两方面的意义：一是能表现出个人的价值，获得心理上的满足；二是能使人在团体中表现自己，以提高个人的社会地位。但是，由于现代社会生活节奏的加快，很多朋友的情绪长期处于紧张状态，长此以往，必然对身心都极为不利。因此，我们要学会合理安排休闲时间，变换休闲方式，从而保持良好的身体状况和心理状态。

说到底，痛苦大概是只有人类才具备的一种精神活动，它也是一种深切的情感体验。而同时，痛苦也是我们人生中一笔宝贵的财富，它让我们的心灵更加充实。一位哲人曾说过："我们不仅要会在欢乐时微笑，也要学会在痛苦中微笑。"而这也正是我们想对朋友们说的，就让我们共勉吧！

接受现实，停止抱怨

如果留意一下，周围有些抱怨之声总是回响在我们的耳畔，比如：

"我们大学同一宿舍的那个小子现在可牛了，工作好，收入高。以前也没觉得他有多优秀啊，现在竟然混得这么好。唉，我怎么沦落到现在这个地步啊！"

"天天都没有正点下班的时候，真是命苦啊！有加班费也好呀，可公司就拿咱当个老黄牛使，真是没天理！"

"我跟我一朋友一起去那家公司面试，结果他被直接录用，而我当场就被毙掉了。我也没觉得他比我强到哪儿去呀！"

"公司年会上表演的那个相声也不怎么样啊，还没我的独舞好呢，竟然得了第一名，评委瞎了眼吧！"

试着想象一下，如果你周围全都围绕着这样一张一合不停抱怨的嘴巴，你会不会有一种快要窒息，想要逃离的感觉呢？

抱怨与牢骚不仅解决不了任何问题，反而会让身边的人越来越厌恶你。

一个爱抱怨的人，总是觉得整个世界都亏欠于他。生活中的一切都是他抱怨的对象，整天愤愤不平、郁郁寡欢、牢骚满腹。把自己的生活弄得乌烟瘴气不算，他们还要去不断地污染、搅扰他人的生活。这样的人，谁见了都会躲得远远的。

每个人的生活都不可能百分百完美，与其一味地发牢骚，不如想办法改变现状！如果无法改变，那就试着改变自己的态度吧！接受现实，停止抱怨牢骚，也许在转角处你就会发现"柳暗花明又一村"的新天地。

姚远是一名普普通通的"的哥"。像其他很多出租车司机一样，姚远一天的大部分时间都是在抱怨出租车行业竞争太激烈、油价涨得太快、自己每月赚得工资太少……时间就这样在怨声载道中飞逝，生活了无生趣，毫无希望可言。

直到有一天，姚远无意中在广播里听到某位励志成功学大师的访谈，这位大师说："停止抱怨与牢骚，你就可以在众多的竞争对手中脱颖而出。记住，千万不要做一只鸭子，要立志成为一只在高空翱翔的雄鹰。鸭子只会'嘎嘎'地乱叫胡乱抱怨，而雄鹰却能在广阔的蓝天中展翅高飞。"

大师的这段话醍醐灌顶，让姚远茅塞顿开。于是，他暗暗下定决心努力做一只振翅高飞的"雄鹰"。

姚远并不只是口头说说而已，他开始留心观察整个出租车行业的现状，在这个过程中，他发现许多出租车的卫生状况都很糟糕，司机的态度也非常恶劣。对此，姚远决定做一些实质性的改变。

每次顾客上车，姚远都会主动下车帮助乘客打开后车门，如果客人带有行李，姚远还会积极帮助乘客将行李放到后备箱。

乘客一上车,姚远就会递给对方一张制作精美的宣传卡片,上面清清楚楚地写着自己的服务宗旨:在愉快的氛围中,将我的客人最安全、最快捷、最省钱地送到目的地。

姚远还在出租车上准备了许多种饮料,包括咖啡、可乐、红茶等,免费提供给乘客饮用。为了让乘客打发车上无聊的时间,姚远在车上还准备了很多报纸杂志,比如《南方周末》、《三联生活周刊》、《体坛周报》等。

更周到的是,姚远还会给乘客一张各个电台的节目单,让乘客自己选择喜欢听的音乐广播。在大家眼里, 姚远这样的服务简直是天堂级待遇了。但是他还嫌不够全面,经常询问乘客车里空调的温度是否合适,还会针对乘客到达的目的地说出最佳路线。

姚远的生意越来越好,几乎不需要在停车场里等待客人。一天下来也没有歇停的时候, 往往是刚刚送完这个客人就马上接到另外一个客户的预约电话。这样坚持下来,姚远的服务质量广受好评,在行业内有口皆碑,收入立马翻了一番。

而当初的那些同事,在"眼红"姚远总有好生意的同时,仍然乐此不疲地抱怨着自己越来越差的境况。

面对黯淡无光、了无生气的生活,姚远决定不再抱怨与牢骚,而是以乐观的心态去面对现实。并且充分发挥自己的主观能动性,努力去改变自己的现状。让原本看似无望的生活又充实、美好起来。而只知一味抱怨的人如姚远的那些同事,却只能原地踏步,甚至越来越倒退。

由此可见,不同的态度决定了两种截然不同的人生。

那么, 在日常生活中, 朋友们应该怎样做才能有效防止抱怨的产生呢?我们不妨来看看下面几个方法:

★问题出现时,应考虑其本质,而不应抱怨他人

许多人在问题出现时,第一反应就是抱怨别人,这种习惯是非常不好

的。抱怨他人不仅解决不了问题,而且会给人留下爱推卸责任的坏印象。

★培养乐观积极的心态

一个消极悲观的人,总是看不到事情的积极面,无法找到生活的目标,生活中也自然缺少很多快乐,这也势必提高了牢骚产生的概率。所以,日常生活中,应该积极主动地面对和处理问题:

(1)给自己制订一个周详的计划

不管是在工作上还是生活上,都给自己制订一个周详的计划,并且将计划付诸实践,这样可以使自己的生活更加充实,心情更加舒畅,抱怨也自然会减少。

(2)合理安排自己的时间

合理利用时间是执行计划的重要一步。合理科学地利用时间,可以提高工作效率,而且还可以利用闲暇时间来做自己喜欢的事情。

(3)善于总结

根据计划执行的情况,应定期总结自己这一段时间以来的得失。客观看待出现的问题,认清自己的不足,不断完善自我。

★对自己不要太苛刻

有些人是典型的完美主义者,不仅做事要求万无一失,而且对自己也苛刻到吹毛求疵的地步,经常会因为一些小到可以忽略不计的瑕疵而深深自责,结果累己累人。

为了避免挫折感,减少抱怨的概率,应该将目标和要求设定在自己的能力范围之内,这样心情才会放松舒畅。

★不要对他人寄予过高的期望

不仅对自己不要太苛刻,对待他人,也不应寄予过高的期望。期望过高,如果对方没有达到自己的要求,就会产生很强的失落感,随之抱怨也会增加。

★要有自信心

有了自信心,才会相信自己的能力,遇到挫折和困难时,才不会怨天尤人、手足无措。

任何一个人,都会企盼自己的生命旅程是一路坦途,期望自己永远幸运。那么,我们就需要拥有迎接幸运的先决条件,那就是接受现实,停止抱怨,对事业、爱情、婚姻、家庭,都做好面对和克服一切困难的准备。当千山万水走遍,岁月年华已逝,你就会发觉:原来我如此坚强,原来我如此幸运。

失败可以被当作口香糖来嚼

俄国著名诗人普希金说过这样一句话:"假如生活欺骗了你,不要悲伤,不要心急,忧郁的日子里需要镇静,相信吧,快乐的日子将会来临。"生活中处处充满着艰难险阻,磨难随时都有可能来到我们的面前,我们要拥有一颗乐观的心,用微笑来面对它。

我们没有办法选择容貌,不过可以选择微笑;没有办法改变外表,不过可以提升气质。一个人来到这个世界上,有很多东西是自己无法选择的,比如容貌、国度、家庭、父母等。可能你的容貌长得不是很出众,不过千万不要因此而自卑,因为你身上还有着其他的闪光之处。

美国著名歌唱家卡丝·戴莉,天生一副好嗓子,唱起歌来非常动听。不过她却长着一口龅牙,张开嘴唱歌时,非常难看。

这个天生的缺点,成了她的一块心病。在参加歌唱比赛或者演出时,她心里总是想着自己难看的龅牙，为了掩饰这个缺点，她尽力的不让嘴张得太大。这么一来，她的表演几乎都以失败告终。

卡丝·戴莉慢慢地对自己感到绝望，就在她快要坚持不下去的时候，有一位老师发现了她的歌唱天赋，并告诉她"你很有唱歌的天分，要是你能忘掉自己龅牙的话，一定会成功的!"在这位老师的鼓励下，卡丝·戴莉终于走出了心理阴影，在一次全国歌唱比赛中脱颖而出。

长相丑陋或许是一种缺憾，但如果整天在意自己的长相，那么就会沉浸在痛苦之中难以自拔，以至于影响自己的生活和事业，就像故事中的卡丝·戴莉一样。

其实，如果我们能够换一种心态来看待这些缺憾，用微笑来面对它，那么，我们就不会为自己的平庸和丑陋感到自卑，就会从缺陷的阴影里走出来。要知道，上天把一扇门给你关上的时候，总会为你再打开另一扇窗子。

因此，我们要用乐观的心态来笑对人生。用这种积极、阳光、乐观的心态走好漫长人生路，相信一定能获得无数的快乐。练就这种乐观的心态，可以帮我们战胜沮丧，化坎坷崎岖为平坦顺畅。它是成功的催化剂，也是另辟蹊径、迎接成功的法宝。

爱迪生在美国新泽西州的一家工厂里面有一个实验室，里面有价值200万美元的设备和大部分研究成果。1914年12月的一个晚上，工厂突然失火了，爱迪生的实验室被烧得干干净净。

第二天，爱迪生来到现场，这位大发明家看到他实验室化为灰烬之后，难免一阵心痛，毕竟这是他大半辈子的心血。在场的每个人都用温暖的语言安慰着他，劝他不要难过。

爱迪生挥了挥手，向大家表示感谢，然后轻轻地对大家说："大家放心好了，我不会就此陷入绝望之中的!其实灾难也有它的好处，没错，这场大火的确把我的成果给烧光了,不过同时它把我的错误也烧光了,现在我要重新开始!"

马克·吐温号称是美国最爱开玩笑的人。其实,他的生活充满了磨难。在很从小的时候就失去了两个哥哥和一个姐姐,成家后,他又目睹了自己的4个孩子,一个个先他而去。

经历了这么多的不幸,马克·吐温仍然没有被这些磨难所打到,因为他坚信:生活虽然是苦楚的,不过我们可以用欢笑来做止痛剂,这么一来,它可以减轻磨难的苦痛,让我们找到生活的乐趣。

我们没有办法改变事情的结果,不过可以改变一下自己的心态。无论是爱迪生还是马克·吐温,每一个成功的人都有着一份积极乐观的心态,尤其是面对磨难的时候,更会多一份微笑。

其实,只要我们能够乐观面对失败,把失败当作口香糖来咀嚼,那么我们终会从中体验到不同的滋味,同时,我们的内心也会像我们的牙齿一样得到净化。这样,即使身处逆境,我们也一样能够看到前途的光明。我们可能没有办法掌控风的方向,不过我们可以调整风帆,用心去咀嚼失败的味道,即使在人生的逆境之中你也会看到前途的光明。

★做到坚韧不拔,不因挫折而放弃追求

有很多人,一生中总是不甘平凡,可是又无力改变平凡的状况。这实在是人生中莫大的悲哀。其实,造成这种悲哀的并非这些人愚钝或者运气不好。而最重要的原因,是其无法坚持自己的信念。

19世纪美国盲聋哑女作家海伦·凯勒说过:"当一个人感觉到有高飞的冲动时,他将再也不会满足于在地上爬。"的确,一个拥有坚定信念的人,能够正确对待挫折,能迅速在逆境中重整旗鼓,并以更高的热情继续投入。一个拥有坚定内心的人,在面对一时的蝇头小利的诱惑时会视若无睹,在面对困难和威胁时能够以平静的心态勇敢接受挑战。他们考虑的是如何实现自己的梦想，如何解决问题，而没有信念的人只会在困难面前调头，轻言放弃，等待别人创造"成功"。

★注意调整、降低原先脱离实际的"目标"，及时改变策略

很多时候，我们可能会在考虑不周的情况下，为自己设定根本不可能实现的目标。显然，这是很容易遭遇失败的。因此，我们不妨适当降低目标，让目标符合自己的现实情况，这样我们才能有条不紊地向目标迈进。

★用"局部成功"来激励自己

如果我们没有做好一件事，那么也不要气馁，想想看，自己是不是在某一方面或者某个环节做得可圈可点呢？当我们多为自己找找这些"局部"的成功，那么我们就更容易恢复信心和勇气，迎接困境并战胜它。

其实，只要我们能够以健康、积极的心态面对人生旅途上的苦难，那么在我们眼里，那些不幸的遭遇就会化成一道凄美的风景。当我们怀着这样一种看风景的心情来看待人生的时候，那么我们就会发现一切都是那么的淡然和美好，同时，我们还会觉得，原来一切并没有我们想象的那么难，那么悲惨。

感谢那些挫折

当遭遇挫折的时候，生性脆弱的人会感觉到自己的世界末日来了，因而痛苦不堪，悲观失落，信心全无，患得患失，失去生活的信心，恐惧着未来，甚至产生轻生的念头。

其实,生活中人人不可能始终一帆风顺,难免会有伤痛、挫折和失败,这都是很正常的事。我们最需要做的就是接受挫折,把它当作是收获人生的另一种财富,然后很快地忘掉伤痛,继续前行。

在现实生活中,那些乐观积极的人也正是这么做的。他们把这些挫折当作人生的财富,即使身处荆棘之中,仍能用坚强的意志为自己开辟出一条道路,成为了不起的成功人士。

坐在公园的椅子上,瑞贝卡正想好好享受冬日里暖暖的阳光时,一位中年妇女坐在了她的身边,开始喋喋不休地向她诉说着生活中的艰辛。

"各种挫折仿佛在一瞬间向我袭来。"她抱怨道。瑞贝卡静静地听完,然后微笑地对她说:"听听我的故事吧!"

"13 岁那年父亲去世了,悲伤难过的时候,母亲对我说:'生活中的变化是不可避免的。始料不及的挫折也许会给你带来机会。勇敢地往前走,你会获得新的人生。'

母亲不仅这样说,也是这样做的,并成了我生活的榜样。她靠打工养活了我,供我读完了大学。

毕业后,我凭借着自己的能力找到了一份满意的工作。这时我遇见了我的爱人,就在我们结婚不到一年的时候,他应召入伍。6 个月后,我收到了来自部队的一封电报,上面说他牺牲了。

正沉浸在幸福中的我不能接受这样的事实,但我想到了母亲曾经说过的话。没有了他,我必须要活下去。而且,要活得更好,因为有更多的担子落在了我的肩上——我必须赡养自己的母亲和婆婆。

在工作中,我得到了一个培训的机会。从此,我的生活步入了一个全新的、不断发展、不断完善的轨道中。我逐渐明白了人生的法则。对每一次的损失,上帝都会给你找回来——只要你去寻找它。

最后,我成功了,成为银行的第一位女性高级管理人员,并且一直工作到退休。退休后的有一天,我在家中意外地接到了银行的电话,他们希望重新聘请我回去工作,因为我更适合与老年人沟通。

于是,我又重新返回了工作岗位。你看,生活的挫折并没有那么可怕,反而是一生的另一种财富,不是吗?"

听完瑞贝卡的话,中年妇女似乎也领悟到了许多。她以钦佩和感激的神色向瑞贝卡道了别,迈着比来时轻快得多的步伐走了。

瑞贝卡对待挫折的态度值得每一个人的学习。正如英国小说家萨克雷说:"只要你勇敢,世界就会让步。如果有时他战胜你,你就要不断地勇敢再勇敢,世界总会向你屈服。"是的,只要你勇敢、努力,就算是在恶劣的环境中也会开出美艳的花,绽放出绚烂的人生。

而那些脆弱的人却会像寄居蟹一样,因为害怕挫折,担心危险而不敢走出自己的壳,每天只知道躲着,不停地想找个庇护的地方,却从不知道,最好的庇护就是让自己更强大。

从心理学上讲,人体如同一个大的化工厂,你有什么样的心情,身体就会进行什么样的化学合成。因此,对于正处于挫折中的人来说,保持一种强大的心理力量是十分重要的。

其实,在每个人前进的道路上,都难免有很多的挫折、困难、痛苦,让自己的内心变得强大,勇敢地迈步向前,去感受这一路上的风景,就比躲起来要好得多。也只有这样,我们才能得到所企盼的成功。

如此说来,受挫并不是一件可怕的事情。它是我们成熟的必由之路,感受一次挫折,我们就会对生活加深一层体悟;经历过一次失败,我们就会对人生增添一层领悟;遭受一次磨难,我们就会对成功的内涵理解得更加透彻。

★正确对待挫折

当挫折来临,我们要更多地从自己身上寻找失败的原因,吸取教训,而不要妄自菲薄，不要指责他人。只有这样，我们才能够从挫折中奋起，争取获得理想的结果。退一步说，即便有些矛盾问题和不平现象，很多时候并非我们能够改变的，所以不如冷静下来，暂时搁置一旁，不去做那些无谓的争辩，最好的办法是等待时机和条件成熟的时候再去解决。

★采用自我心理调适法，提高心理承受能力

没有一个人会百战不殆，作为凡夫俗子的我们自然也不例外。因此，当失败来临，我们要学会调整自己的心理，让自己不会因为失败而一蹶不振，以为自己一无是处。正确的做法是，反省自己在过去的失败中有哪些做得不好的地方，以后有没有避免的可能，该怎样避免等等。这样一来，我们就不会把一次失败看作天塌下来那般恐怖，而是能够从中吸收经验和教训，为以后的成功架桥铺路。

总的来说，一个人如果想要获得成功和幸福，首先就要经历挫折，领悟挫折。当我们能够以积极的心态来看待挫折的时候，那么潜藏在我们意识深处的精力、智慧和勇气就会被调动起来，激励我们勇敢地面对生活中的一切挫折和困难，尽自己最大的努力迎接挑战，从而让自己成为生活中的强者，争取到自己的幸福和胜利。

第五章

视工作为乐趣，人间就是天堂
——学会用欣赏的眼光看工作

　　工作，是我们谋生的手段，更是帮助我们体现自己价值的"伙伴"。对于工作，我们要让它成为生命的内在需求，成为展示我们智慧和才华的舞台。这样，即使忙碌，即使苦累，我们也能体会到人生的幸福和成长的快乐。正如有位哲学家说过的："工作就是人生的价值、人生的欢乐，也是人生幸福之所在。"所以，当你把工作看作是一种快乐时，生活就会变得很美好；而当你把工作看成一种任务时，生活就变成了一种奴役。

为工作而骄傲，和工作"谈恋爱"

看了这个题目，你是不是有一点错愕：什么，和工作谈恋爱？

多数人看来，工作只是我们谋生的手段，如果不是为了衣食住行，谁还去工作呀？

事实上，果真如此吗？

其实，工作虽然是我们谋生的手段，但别忘了，它同时也是实现我们自身价值的渠道。当然，能否真正实现工作对我们自身的价值，还要看我们在对待工作时所持的态度。

如果你并不喜欢所从事的工作，那么，很显然，它会成为你的负担，长此以往，会使你的心情压抑，工作也不积极主动，甚至导致身心疲惫，失去对工作的激情。

而我们却看到有一部分人，他们总是为工作而感到骄傲，每天上班就像和工作谈恋爱似的。而最终的结果，这些人往往功成名就。这或许正应了艺术家罗丹说的那样："工作就是人生的价值，人生的欢乐，也是幸福之所在。"

我们一起来看一个微软公司清洁工的故事：

著名的微软公司总部雇用了一个临时的清洁工，在整个的办公大楼的上百名世界顶尖级电脑人才中，她是唯一一个没有任何学历，而且工作量最大，拿的工资最少的人。然而，她每天上班都乐呵呵的，从来不抱怨自己的工作又苦又累，她好像是所有人中最快乐的那个。

　　从上班的那一秒开始，她都快乐地工作着，对每个人都面带微笑和每个人打招呼，就算不是在自己的工作范围内的，她都乐意去帮助别人。

　　快乐是能够"传染"的，她的快乐和热情很快感染了很多微软的员工，还有一些人和她成了好朋友，甚至一向都冷冰冰的人都被她融化了。渐渐地，没有人在意她的工作性质和地位，她的热情使得整个微软公司都兴奋了起来。

　　比尔·盖茨知道这事后很惊异，把这位清洁工叫到了办公室问："能告诉我，是什么让你每天都这么开心吗？"

　　清洁工笑笑说："因为我在为世界上最伟大的企业而工作，虽然我没有什么文化，但我感谢公司给予我的这份工作，可以让我有不菲的收入，能够让我支持我的孩子上完大学，而我对这一切唯一能够做出回报的，就是尽我最大的努力把工作做到最好，一想到这些我就感到十分自豪，所以我很开心。"

　　比尔·盖茨听完这段话后为她的话深深感动了，他说："那么，我想知道，你有没有兴趣成为微软的正式一员呢？我想，你是我们公司最需要的那种人才。"

　　清洁工高兴的半天才说出一句话："当然，这是我毕生最大的梦想。"

　　从这之后，这位清洁工每天下班后，就利用空闲的时间学习相关的专业知识，公司的每个人也都愿意给予她最大的帮助，几个月后，微软聘用她为正式员工。

　　看了这个故事，由不得我们不感慨，一个清洁工能够如此热爱自己的工作，她把工作当成了一种幸福和自豪。也正是由于这个原因，让她成为了全世界最伟大公司的一名正式员工。

　　可以说，自豪感会使一个人保持对工作的热情，自豪感同时也是一种感恩之情，在感恩的同时，自己也会从中得到快乐，而这快乐是工作中必不可少的。

当我们第一天踏入公司的大门，每个人都春风满面，并告诉自己："我一定要把工作做好，并为自己是公司的一员而感到骄傲!"

我们骄傲，是因为我们终于进入了一直向往的公司，我们自豪，是因为终于有了一份属于自己的工作。这种自豪感是发自内心最深处的，是不值得任何人怀疑的，但是我们能够始终保持这样的自豪感吗?

事实证明，大多数人是无法做到的，由于工作中出现的困难、压力，逐渐地，你发现工作并非你想象的那么美好，公司也并非你想象的那么神圣，于是，你的自豪感逐渐褪色，直到一点颜色也看不见了，甚至演变成了怀疑、抱怨。那么，我们将如何保持这种骄傲呢?这就要我们学会和工作谈恋爱。

★ 保持积极的工作态度

一个人对于工作或者生活是怎样的态度，将决定其面对人生困难时是积极面对还是消极应付。

因此说，要想避免失败，我们就应该努力培养积极的工作态度。如果我们缺乏对工作的激情，那么工作就会变成无休止的苦役，这是一件非常可怕的事情。与之相对，如果我们想真正从工作中获得快乐，就该把工作当作是生活中的一种乐趣，而不是当作一种刻板、单调的苦差事。选择自己所爱的职业，而后绝不轻易改变自己的初衷，并且在所选择的职业中尽自己最大的努力。这样，我们对自己的青春，对自己的人生，便无怨无悔。

★ 不要只把注意力放在金钱上

钱是生活的必需品，但金钱却是永远赚不够的，所以我们不要再把金钱当作借口。如果不能带着热情来面对工作，那么不管我们拿多高的薪水，都会觉得钱不够多。事实上，领薪水只是工作的一部分，如果想真正把工作做得漂亮，让自己的职场生涯万事顺达，那么我们在工作上获得的满足感应该超越金钱上的报酬。

★找出自己在工作上的重要价值

我们不要只顾埋头工作，而应该用心好好地想一想：自己在做什么？是否为团队、为企业提供了必需的服务？然后再问自己：因为我投入地工作，是不是整个状况有了明显的不同，如果换作别人做这份工作，能否和我一样？

诸如此类的问题都能帮助我们在工作中找到自己的重要价值，因为正确的价值观在个人成就感中扮演着重要角色。

不可否认，事实上并非每个人都能够热爱自己所从事的工作，更不是每个人都在工作中获得了享受，毕竟辛苦工作和兴趣爱好是难以联系起来的。但是，我们必须积极培养自己对工作的兴趣，让兴趣激发我们对于工作的热情。只要我们细心去观察，其实每项工作都有其自身的魅力，都能有吸引我们的地方。只有发觉到了这一点，我们才能从工作中感受到快乐，也才能将工作做得有声有色。

所以，我们不要把工作仅仅当成简单的谋生工具，而要用心工作，付出自己的爱，若如此，我们必将从中受益。

欣赏工作，把职业当成事业做

常言道："你以什么样的态度来对待生活，生活就会以同样的态度来对待你。"其实，工作同样如此。

我们先来看一个故事：

一个为公司工作了几十年的老建筑工程师准备退休，在退休前，老板请他最后为公司完成一项工程。建筑师的心早已不在工作上，心想都要退休了，这老板还不忘最后剥削自己一次。虽然他口头答应，可是心里非常不乐意，所以工作起来就非常不认真，材料上偷工减料，设计上也缺陷颇多。经过几个月的赶工，最后终于完工了。老板把老工程师叫到跟前，把房子的钥匙交到了他手里，并微笑说道："这房子送给你了，这是你为公司工作这些年来的回报。"老工程师顿时傻了眼，哭笑不得。

我们在看到这位工程师的愚蠢做法时，也应该想想，其实我们每个人都有可能是这个工程师。我们工作到底是为了什么？

回答也许不外乎如此：为了生存，为了挣钱，为了养家糊口，为了更好地生活等。

诚然，这些工作的目的无可厚非。工作是我们每个人的立身之本，通过工作我们可以获得金钱和生活的保障，这是个人最为直观、也最为基础的自我满足。人要生活就必须要有物质的支撑，而物质的获得又和钱是分不开的。没有钱，一切物质条件都无从谈起。我们为老板工作，付出自己的劳动，老板就会支付我们相应的金钱报酬，我们的生活就有了物质的保障。无论你的工作是何种，出于什么目的，挣钱的目的是无法摆脱的，但是仅仅是挣钱就够了吗？

不，这还远远不够。很多人就是因为只抱着这么简单的目的，而致使工作出现了问题。现代职场总不乏抱怨之人，他们总是对自己的工作抱有这样那样的不满，不是嫌弃公司环境不好，就是抱怨工资低，待遇差，老板上司没人性，在这种抱怨的情绪影响之下，自然对工作就失去了应有的热情和认真。工作对于这样一群人来说，只是为老板打工，老板给予报酬而已。

此种想法大错特错。如果你也带着这种心态来工作，那么你就很难得到长远的发展和更大的成长，永远也只能碌碌无为，更无法做出一番事业。现实中，很多人才高八斗，能力非凡，本应该有一份锦绣前程，可往往对工作缺乏正确的态度和认知，致使自己错失了很多宝贵的机会。

但是，如果你把工作当作一项事业来看待，情况就会完全不同了。

一个铁路建造工地上，有两个工人，一个叫李斯特，一个叫约翰逊。

一天，他们遇到一个人，向他们询问了这样的问题："你们在做什么？"

李斯特说："我在修铁路。"

约翰逊却说："我正在建造世界上最富特色的铁路。"

20年后，约翰逊成了铁路公司董事长，而李斯特仍为铁路工人。

这时候，又有人半开玩笑半正经地问李斯特，为什么约翰逊成了董事长，你还要在大太阳底下工作，李斯特说了一句意味深长的话："20年前我为每小时1.75美元的工资而工作，而约翰逊为铁路事业而工作。"

从这个故事看来，李斯特和约翰逊虽然做的都是同样的工作，但是为了工作而工作和把工作当成事业来做，结果是截然不同的。

现实生活中的我们又何尝不是如此？对于工作，我们不仅要把它当成一项事业，更要把它当成一种体现自己价值的机会。只有带着这样的心态去工作，我们才不会成为工作的奴隶，而是让工作成为一种浓厚兴趣，成为一种自己生命中内在的需要。

这时候，我们就会把工作看作是一种快乐，我们的生活也会因此而变得很美好。

所以，我们要认识到，自己不是为了环境而工作，也更不是为了老板而工作，我们是在为自己事业的发展添砖加瓦。如果你把工作当做自己的一种事业来对待，那么结果就大不相同，你会为了这项事业的发展而充满持续的热情，为之不懈努力与进步。

★拥有坚韧不拔的意志

宋代大文学家苏轼曾说过："古之立大事者，不惟有超世之才，亦必有坚忍不拔之志。"人的理想和奋斗目标是通过工作实现的，在实现理想和目标的过程中，遇到这样或者那样的困难在所难免。而不同的是，强者把困难当作磨刀石，他们披荆斩棘，坚定不移，最终走向了成功；弱者把困难当作走向成功的绊脚石，一旦遇到困难不是积极想办法解决，而是怨天尤人，最终难逃失败的厄运。

因此说，当我们有了对工作的深爱、深情和坚韧不拔的意志，就不会因工作辛苦而抱怨，也不会因困难而退却，而是能够感受工作给我们带来的享受和满足。

★树立远大的目标

前面提到过，工作是我们获得物质保障的手段，同时也是我们展示才干的舞台。那些只为生活而工作的人，终会碌碌无为，毫无建树；而一个有所为的人，就会树立远大理想和切实可行的奋斗目标，把工作当事业干，通过不懈的努力，最终收获丰硕的成果，到达理想的彼岸。

俗话说，心态改变命运。我们要想自己的职场之路走得更高更远，就要把工作当作事业来做。就从转变观念开始吧，树立起工作的主人翁意识，以高度的责任感和使命感，充分发挥自身的才能，不但能为企业创造更多价值，也能为自己带来更长远的发展和更丰厚的回报。

点燃热情，工作帮我们创造奇迹

工作诚可贵，热情价更高。对于每一个在职场打拼的人而言，热情是比其他因素都更为重要的因素。没有热情就没有创造力，没有创造力就难以取得更高的成就。只有带着热情去做事，才能使平凡的工作焕发光彩。

可是现实中,这样的职场人士却并不鲜见:工作中懒懒散散,敷衍成了工作的主色调,遇到问题则退避三舍,推个一干二净。

很显然,这是一种对待工作极不负责的态度,这样的人无论干什么工作,也无论干多长时间,始终是个可有可无的边缘人。而另有一些把工作当成自己的人生支点的人则不同,他们总是满腔热情地投入工作,而热情是能够创造奇迹的。

有个老木匠准备退休,他告诉老板,说要离开建筑行业,回家与妻子儿女享受天伦之乐。

老板舍不得老木匠走,在再三挽留后,老板问他是否能帮忙再建一所房子。老木匠说可以。但是大家后来都看得出,老木匠的心已不在工作上,他用的是软料,出的是粗活。

房子建好后,就在老木匠收拾好东西准备走时,老板叫住了老木匠说,你这辈子一直在建房子,对公司有着巨大的贡献。为了表示感谢,公司决定将你最后建造的这所房子作为感谢的礼物送给你。

老木匠震惊得目瞪口呆,羞愧得无地自容。如果早知道是在给自己建房子,他怎么会这样呢?现在他得住在一座粗制滥造的房子里!

我们生活中一些人又何尝不是这样。漫不经心地"建造"自己的生活,不是积极行动,而是消极应付,在关键时刻不能尽最大努力。等我们惊觉自己的处境,早已深困在自己建造的"房子"里了。

或许你会反思自己是否对工作具有热情和执著,但又不敢确定。那么,可以通过下面这几个问题来作为参照,看看自己对工作和事业是否也保持着不达目的不罢休的高度热情。

首先,请你问自己几个问题

第一个问题:自己对目前的工作感到有趣吗?

第二个问题:如果感到工作起来很有趣,自己会从乐趣中得到什么收获或者好处呢?

第三个问题:如果自己非常厌烦自己的工作,持续 1 个月后会怎样?
持续 1 年后会怎么样?持续 10 年后会怎么样?

第四个问题:现在能否激发起自己的工作热情,并且对工作充满兴趣
呢?

显然,前两个问题是比较容易回答的,我们对自己的感觉就是最好的
答案。

第三个问题涉及对工作的厌烦。厌烦持续时间或长或短,这在很大程
度上要靠我们自己的行动来做出选择。要么设法对工作产生激情,把工作
变成乐趣,要么重新换工作。

其实,如果是后者,我们在到了新的单位后,很有可能还会重蹈覆辙,
过了新鲜劲儿之后,又对工作厌烦起来了。所以,要想真正地改观,最好还
是抓住前者,也就是调整我们的心态和思路,想办法对工作产生激情,让
工作成为我们的乐趣。

那么,怎样才能达到这样的"境界"呢?

★画一张人生地图

没有设计图的搬砖似的工作很容易让我们患上职业枯竭症。但是,如
果对于自己想要成为什么样的人和过什么样的生活心里有谱的话,那么
即使一路走来颠簸泥泞,我们也不会因一时失落觉得疲惫不堪、抱怨连
连。

所以,我们要为自己设定职业生涯规划,以确定人生的大方向与目
标,这有助于我们在工作中自我定位。

如果你觉得自己一时找不到职业生涯的目标,那么不妨将现阶段的
个人方向和目标与公司的发展相配合,和同事们一起讨论一些方案,拟定
出目标和计划,然后再分拆成每天的工作进度,这样你就不会感到迷失在

工作堆中，没有方向感了。

★自创工作成就感

当我们做同一种工作太久的时候，可能会产生驾轻就熟、缺乏新鲜感、成就感的想法，甚至会有一种"吃剩饭"的感觉，觉得实在没什么意思可言。

但是，"剩饭"也好，鲜菜也罢，不管"吃"什么，我们先得调整好自己的"口味"，不断地变化一些花样，这就好比给咖啡加点糖，会使你的工作不再"苦涩"。

事实上，一个人对于工作持什么态度，会直接影响工作的情绪。如果面对工作，你总是持一种消极的、退缩的、推诿责任的想法，那当然不会有成就感。因此，我们要不断地充实自己专业知识，始终保持热诚、积极的工作态度，这样才能让自己乐在工作。比如，一个售楼员，能够为自己和同事们在售楼处根据不同的天气、不同的氛围来播放不同的背景音乐。在获得了他人喜爱的同时，他自己也获得了一种成就感。正所谓，没有乏味的工作，只有乏味的人。

★融洽人际关系

现代社会，只要是社会中的一员，就不能不讲究人际关系。办公室更是如此。我们发现，那些在公司里活得最不开心、工作做得最差的往往是那些人缘儿不好的员工。

或许你也正在为办公室的人际关系而发愁，纵横交错的复杂的人际关系让你感觉牵牵绊绊，难以充分发挥自身才华，甚至因此而造成抑郁情绪，产生职业枯竭感。

如果是这样，那么就先从自己做起，努力创造良好的人际关系，为自己赢得好人缘吧。心理学家告诫我们，做人要把握以下"五不"原则：老而不卖老，弹性不固执，幽默不伤人，关心不冷漠，真诚不矫情。所以，不管身处什么职位，我们都要学会和他人融洽相处，这样才能有成功的基础。

★找到合适的职位

如果我们做的工作是符合自己性格、气质和爱好的，那么这种人和工作最佳匹配的现象能让我们感觉如鱼得水，乐此不疲。相反，即使一个人人羡慕的岗位，如果不符合自己的喜好和特点，一段时间后，就会使人厌倦，出现职业枯竭。

如果你正为此而烦恼，那么还是相信长痛不如短痛这句话吧，找个机会向上司言明自己的处境和期望，坦陈这一岗位不适合自己的理由，看看上司能否帮你找一个能发挥自己专长的职位。如果无法实现，那么是不是考虑可以跳槽了？

如果你为别人那澎湃的激情而感叹，那么先低下头审视一下自己的内心，看看自己是否也拥有同样的激情和态度。如果没有，那就要努力找到工作的使命感，然后怀有更高的动机，改变自己冷漠的工作态度，积极地去面对自己的工作，找到一个好的理由激发自己对工作的热情。

认真投入，工作让自己变得更美

在我们耳畔，诸如"起得比鸡早，吃的比猪差，干的比牛多"的牢骚抱怨之声不绝于耳。不难想象，一个心里装着这么多牢骚的人必定是无精打采地应付每天的工作，他们的工作成绩也就可想而知了。

与此相反，有一些人总是精神抖擞地去上班，他们把工作看作一种快乐和自豪的事，于是，他们的精神面貌也越发地光彩照人。在他们看来，工作让自己美丽，"我工作，故我在；我工作，故我美。"

说到这里，我们来看一个有趣的故事：

主人要运送货物到某地，他把货物分别装在了两辆马车上。

行驶过程中，其中的一匹马渐渐慢了下来，走走停停，不肯下大力气。看到这种情景，主人就把货物都挪到了前面的马车上。

卸掉货物的马居然跑到前面的马旁边，得意地说："辛苦吗？那是你活该，干得越多，主人越累死你！"说着，竟然自顾自地跑到了前面。而那匹拉了两份货物的马并没有听这匹"聪明"马的话，依然卖力地拉着货物往前走。

这时候，路上的一位行人看到了，就对马的主人说："既然只有一匹马干活，你干吗不把另一匹宰掉？"

主人听了，果然就这么做了。

虽然是很简单的一个故事，但却很值得我们深思。作为职场人士，我们就像一匹马，我们的存在，不是为了享受清闲，只有卖力地工作才能实现我们的价值。如果我们像那匹"聪明"的马一样懒散、不负责，那么我们离被"宰掉"的日子也就不远了。

对于这个问题，我们不妨换位思考一下，如果你是领导，当看到下属整天愁眉苦脸，让他干点活他就心不甘情不愿，好像受了多大的委屈似的，你会高兴吗？相反，如果你看到自己的下属无论遇到什么困难都想办法解决，不轻易麻烦自己，干事利索，笑着面对一天的工作，你是不是会觉得："这个员工真美！"

毫无疑问，这种美是一种勤奋美，一种实干美。可以肯定，百分之百的领导，都必然喜欢第二种员工！

诚然，一个人的工作热情都是由其心境决定的，也就是说，心境决定态度，同时决定了工作效率。一份好的心境可以帮助我们提高执行效率，提升工作业绩,当我们能够快乐地投入工作时,我们会发现自己的工作效率要比心情恶劣时高好几倍。有关调查也证明了这一结论:几乎所有失败者,其失败的原因都来自于工作时不愉快的心情。

我们再来看一个案例:

一位心理学教授做过一项实验,实验的目的是为了真实地了解同一件事情在人们心理上的不同反应。为此,他来到一个正在建设中的大教堂,对忙碌的敲石工人进行提问。

他对遇到的第一位工人说:"你在干什么呢?"

这位工人没好气地回答道:"难道你没看到吗?我正在敲碎这些该死的石头,可气的是这铁锤太笨了,害得我手都麻木了,这真不是人的活!"

教授走过去,又询问第二位工人:"你在做什么呢?"

这位工人摇摇头,无奈地回答:"要不是为了生计,我是不会做这样的活的,可是为了每天能得到50美元的工资,我必须做这份工作。"

教授又问他遇到的第三位工人:"请问你在做什么?"

这位工人和前面两个工人截然不同,他神采奕奕地说:"我正在建设一座宏伟的大教堂呢,虽然我做的工作只是其中的一小部分,而且工作也非常辛苦,但我一想到未来将有很多人来这里参观,并赞美教堂的美丽,我就很开心。所以,我很庆幸自己从事这份工作。"

同样的工作,3个人却有着3种心境!

不难看出,第一种工人是最让人头疼的,相信他很难成为一个合格的能够创造出优秀业绩的员工。

而第二种工人只是为了工作而工作,他身上所缺乏的,是责任感和荣誉感,这样的员工肯定不是企业所依赖和信任的员工。

我们再来看第三种工人,他的心态着实令人欣赏,因为他享受着工作所带来的荣誉,因此会更加努力地投入到工作之中。这样的员工才是企业想要的那种员工，是最为优秀的员工。

回过头来，我们再审视一下自己，想一想，你对待工作是不是茫然不知所措呢？每天朝九晚五，在茫然中上班、下班，到了固定的日子领取自己的薪水，要么高兴要么抱怨一番之后，然后继续茫然地上班、下班……

这种工作状态中的我们，显然是将自己当成是工作的奴隶，想摆脱又摆脱不了，只好怨恨、抱怨、无奈，而且无休无止。

如果是这样，我们又怎么能够为工作全身心地投入自己全部的智慧和热情呢？

事实上，"工作"是一个包含我们的智慧、热情、创造力和信仰的词汇，它需要我们投入热情和行动，需要我们不断地努力和创造。需要我们以积极的态度来对待。如果是这样，那么我们会得到来自工作的回馈。

★抱有雄心

对于一个想要做出一番成就的人来讲，是万万不可缺少雄心壮志的。也就是说，要想让我们能够在职场中一展雄风，就要壮志凌云，抱有雄心。

★自我约束

自我约束是现代职场不可缺少的情商要素之一。有关研究表明，凡是事业有成者，大都具备超强的自我约束能力。

★保持乐观

前面我们提到过心态的重要性，是悲观还是乐观，是普通人和成功者之间的重要区别。只有乐观的人，才能在遇到困难时仍能坚韧不拔、勇往直前。在乐观者心里，始终坚信自己最终能获得成功，为此，他们会坚持做自己应该做的事，而不去想过程中所遇到的障碍。

现在，我们来问自己一个问题：人在什么时候最美？

答案大都离不开"满面红光、精神饱满、面带微笑、心情舒畅"等。既然如此，我们就想办法在工作中寻找到属于自己的乐趣吧，这样我们就能精神抖擞地迎接每一天的挑战。到那时，我们将不仅会发现自己变"美"了，而且会发现自己存在的价值。这价值，就是持有和我们相反心态的人永远难以企及的成就感。

远离牢骚，工作是快乐的源泉

不难发现，几乎在每家企业里都存在一个或者多个"牢骚族"、"抱怨族"一类的角色。

这些人总会有专门的时间来伸出嘴巴这个伟大的"枪口"指向公司里的任何一个角落，不是埋怨这个就是批评那个，甚至从上到下，没有人能够幸免。

这些人的结果往往不容乐观。有的可能因为资格老而一直混迹公司里，有的则只好溜之大吉，也有的被公司毫不客气地清除出局。

可是身在抱怨、牢骚之中的这些人，他们对于自己的行为带来的后果毫无先见之明，或许直到被疏远、被孤立，甚至被辞退的时候才恍然大悟：原来，抱怨和批评有这么大的危害啊！

看看我们眼前的景象吧：很多受过良好教育的人，他们拥有大本和硕士学历，甚至才华横溢、聪明绝顶，然而这些人总是不能在单位得到重用和提升，原因何在？主要是这些人对工作没有抱着感恩的心态，而总是站在对立面，也不会进行自我反省；他们遇到问题不能积极地想办法解决，而是觉得哭诉和抱怨是理所当然的事。

肖博君刚刚毕业就进入一家很著名的公司上班，他的同学和朋友都美慕得不得了，肖博君也感到非常骄傲，他接到录取通知书后就对朋友说："你们等着瞧吧，公司将会因为我的到来发生翻天覆地的变化，也会因为有我这样聪明的员工而感到光荣。"

肖博君以为，以自己硕士研究生的学历和学校里取得的骄人的成绩，公司肯定会把他安排在管理者的岗位上，然而他万万没有想到，上班第一天，他就被人领到了公司下属的一个工厂里当维修工，维修工作又脏又累，而且很不体面。刚上了几天班，肖博君就一肚子的抱怨："我堂堂一个硕士研究生，就让我干这种工作，老板真是瞎了眼。""这活真不是人干的，太累了，这让我同学知道，还不嘲笑死我啊。""老板真缺德，我讨厌死这份工作了，而且工资又那么低。"有了这些想法，肖博君就开始不好好工作，上班时间偷奸耍滑，每天都在抱怨和不满的工作情绪中度过。

和肖博君一起被派到工厂里的方启刚也是一位研究生，看上去人有些呆头呆脑，每天除了傻呵呵地笑和埋头工作，从来不抱怨自己的工作多么苦，反而常常开解肖博君："没事的，咱就把这份工作当成积累经验好了，在基层能学到很多东西呢。其实，我觉得咱们应该感谢公司和老板，是他们给了咱们第一份工作，咱们应该满足才对。"

本来肖博君就不给方启刚好脸色，听了他这番话，更觉得方启刚"有毛病"了，于是翻着白眼嘟哝着说："你傻不傻啊，就这，你还能高兴得起来，真没出息。"

然而，几个月后，方启刚被提拔到了管理岗位上，而肖博君还是一个维修工，肖博君非常不满，他又开始抱怨："这什么破公司啊？方启刚这样的傻蛋都能重用，为什么不提拔我呢？"肖博君抱怨的情绪越来越重，对待工作也就更加消极了。

到年底的时候，由于金融危机的影响，公司需要裁掉一部分员工，而肖博君成了第一个被裁掉的。

其实，那些能够真正尽职尽责，对自己的工作尽心尽力的人，心里不会有任何的抱怨，他们反而会把抱怨看作瘟疫，唯恐避之不及。而那些总带着批评公司和抱怨老板的心态工作的人，不但工作效率底下，而且还会影响自己的身体健康。最后只得沦落为除了抱怨没有任何价值的员工。这样的人，岂不是自毁前程吗？

★工作让休息变得快乐

回想一下自己，是否常有这样的感受：认真投入工作之后，当看到自己所做出了一点成绩，是不是有一种放松的感觉？其实，这种放松中包含着对自己的欣赏，包含着发自心底的快乐，也包含着一份难得的成就感和满足感。

也就是说，工作让我们的生活有了对比，让我们意识到一个完整的周末是多么地放松和自由，也让我们享受到工作完成后完全的放松。

★工作帮助我们在社会中成长

古人有云：纨绔子弟少伟男。我们可以把这句话理解为，没有经历风吹雨打的，只在父母亲人编织的温柔乡里生活的人，虽然过的是锦衣玉食的日子，但其自身却往往不会获得什么成就。

有这样一个例子，一个20岁就因为抢劫罪被关进监狱的小伙子，起因就是他父亲死后留给了他太多钱。

因为这些钱足够他花几辈子的，所以他从来不用考虑自己去挣钱，所以他也就一点都不知道金钱的用途和价值，于是整天游手好闲，和一些不三不四的人一起吃喝玩乐。最后居然加入了黑社会，并被带到赌场里。最终，被骗掉了他所有的家产。他变得一无所有了。

由于毫无工作经验，也没有工作的心思，他为了继续过从前的日子，就开始了偷盗生涯。结果就导致了后来的凄惨下场。

事实上，通过工作，我们可以知道挣钱的艰难，也因此更加明白要脚踏实地地规划好自己的生活。

　　换句话说，工作对于我们在社会中成长和成熟是大有裨益的。既然如此，我们何不换一种心态来对待我们的工作呢？

　　★工作带给你满足感和快乐

　　工作不分贵贱，关键在于心态。一个热爱本职工作的人，即使他从事的是最低微的工作，拿的是最少的薪水，他也是快乐的。伟大的发明家爱迪生对于工作的快乐就深有体会："不少人会认为发明创造带来的金钱是对热爱工作的人的回报，但是就我自己来说，肯定不是这样的。我曾经无数次地想过，我一生中最快乐的时光莫过于童年时代，那个时候，我什么都没有，但是我已经开始考虑怎样才能改进电报，于是我用简单的设备和粗糙的器械来做一些实验，一想到实验的过程，我心里充满了无限幸福的感受。虽然现在我有了自己所需要的所有实验器械，我是自己的主人，我继续得到极大的乐趣和回报，但其中最主要的乐趣并非享有经济上的成功，而是享受工作过程本身。"

　　应该说，工作和快乐并非是一对矛盾体，两者是可以并存的。对于职场人士而言，最为理想的状态，莫过于工作能带给我们成就感和快乐，同时我们喜欢自己用以谋生的手段。

　　综上种种，要想让自己获得更多的快乐和实现更大的价值，都离不开对工作的良好心态，这种情绪，能促使我们积极向上，使我们能够为自己的生活和工作全身心地投入精力，同时，我们的工作也会获得提升，这是一种良性循环，而受益的，正是我们自身。

第 六 章

尊重对手是风范,更是心智成熟的表现

——学会用欣赏的眼光看对手

　　有人的地方就会有竞争,有竞争自然离不开对手。而对手给予我们的,不仅仅是危机和斗争,它还是一剂强心针,一部推进器,是能够激发我们求生和求胜之心的动力。如果我们怀着宽广的胸襟,用欣赏的眼光看待完美的对手,那么我们就会明白争一时不如争千秋的道理。所以在现实生活中,不要埋怨那些令你跑得很累的人,恰恰是他们,才能使你跑得更快!好好感谢他们吧!

给对手一个拥抱，自己就少一块绊脚石

看到这个题目，或许你会大吃一惊：什么，拥抱对手？别开玩笑了，对手和我是势不两立，我们是要决一胜负的，怎么还能拥抱呢？

岂不知，给对手一个拥抱，其实就是在给自己减少一块绊脚石。鼠肚鸡肠，眼里揉不下沙子之人，总因为一些鸡毛蒜皮的小事就四面树敌。而对手往往比你还关注你的失误和缺点，一旦不小心落人把柄，就会使自己陷于被动的不利地位。

相反，如果我们能够给对手一个拥抱，对方将会感受到我们的气度，从心底油然而生一种敬佩之情，而与此同时，我们也会安然迎接我们的失利，亦或胜利。

一个真正成熟的职场人，懂得掂量轻重，他会冷静分析自己与对手是该坚持对峙还是和平相处。他内心非常清楚，尽管"报仇"可以"雪恨"，但恨消失之后，有可能就会因此而迷失了自己，使自己遭受更大的损失。

可见，与其互相争斗弄得两败俱伤，还不如握手言和，拥抱对方，把矛盾化解，也能为自己的前进道路扫清一个障碍。

一场激烈的职业拳王争霸赛正在紧张激烈地进行着，比赛的双方是28岁的巴雷拉和35岁的老将卡菲罗。双方实力相当，难分胜负，打了六个回合仍然是平手，当到第七回合的时候，巴雷拉找到突破口，接连击中了卡菲罗的头部，把卡菲罗打得鼻青脸肿。

第七回合结束，是短暂的休息时间，巴雷拉立马跑过去向卡菲罗道歉，态度非常诚恳，脸上写满了歉意，他用自己的毛巾擦去卡菲罗脸上的血迹，把矿泉水洒在他的头上。

休息时间很快就结束，比赛再次开始。也许是年纪大的原因，卡菲罗渐渐有些体力不支，再次被巴雷拉找到破绽，一次次被打倒在地。拳击赛的比赛规则是，当你被对手打倒在地后，如果裁判连喊十声你仍旧没有站起来，那么你就算输给了对手。卡菲罗每次被巴雷拉打倒在地都努力地试图爬起来，但还没等裁判喊到"十"，巴雷拉就主动上前把卡菲罗拉了起来，两人互相击掌，然后继续开打。

观众和裁判都惊呆了，巴雷拉这样的举动简直不可思议，因为在比赛场上，人人巴不得自己的对手赶快被淘汰出局，甚至还会趁机落井下石，可是巴雷拉却反其道而行之，竟然反过来去帮助自己的对手。试想，如果他不去拉卡菲罗，也许卡菲罗真的就爬不起来，就此输给了他。

比赛最后，巴雷拉以108:10的成绩打赢了卡菲罗。观众为巴雷拉欢呼，向他献花致敬，巴雷拉被胜利的光环紧紧笼罩。而卡菲罗作为失败者，自然被观众晾到了一边。就在此时，巴雷拉拨开为他欢呼的人群，径直走向了被冷落的卡菲罗，把最大的一把鲜花送给了他，并和他紧紧拥抱。他们互相亲吻对方被打伤的部位。

卡菲罗虽然失败，却把衷心的祝贺送给了巴雷拉，他面带真诚的笑容，拉起巴雷拉的手，高高举过了自己的头顶，向所有的观众致敬谢幕。

虽然这是一场暴力的比赛，但是在整个过程中却闻不到一丝火药味。巴雷拉对对手的大度，感动了在场的所有观众，也感动了卡菲罗。作为巴雷拉的对手，卡菲罗虽然最终败北，却输得心服口服，这才给予了巴雷拉真挚的祝贺和微笑。

试想，如果巴雷拉没有做出那些拥抱对手的友好举动，那么卡菲罗还能笑得如此坦诚吗?答案必是不可能的。

生活中,敌对的双方之间总是充斥着浓浓的火药味,恨不得把对方置之死地而后快。面对自己的敌人,人们的情绪总是会变得分外激动。其实这种敌对情绪非常不利于你的职场发展。

有动物学家对自然界的动物做过研究,发现那些没有天敌的动物往往最先灭绝,而有天敌的动物则反而不断繁衍,生生不息。存在于自然界的这一规律,同时也存在于我们人类社会。敌人的存在,会让一个人的潜能得到巨大发挥,甚至创造奇迹。尤其是职场上的对手,没必要对其恨之入骨,相反应该对其感激,给予拥抱,因为他的存在,将会激发你不断前进,不断强大。

当然,拥抱一个总是和自己作对的敌人,任谁都不会心甘情愿,但生活中难免会有磕磕碰碰,总是会遇上一些令自己不愉快的人,会忍不住发泄一番,却又总是会因此而得罪他人,无意中给自己树了敌。

当你多了一个敌人的时候,你所得到的将不再只是个敌人,你在精神上所受到的折磨将比他实际所带给你的折磨多出十倍甚至百倍。当你用宽广的胸襟、高尚的人格去拥抱对手的时候,你所得到的也将不只是一个朋友,你从中所享受到的欢乐和轻松也将比他实际所给予你的多出十倍百倍。

总之,和对手敌对斗争,不但使事情得不到很好解决,也许还会斗得两败俱伤,相反,如果拥抱对手,你得到的就是对手的真心,事情也最终能得到圆满解决。

★不去理会无谓的威胁和挑衅

有对手就难免会有针锋相对的时候,每到这种时候,你往往就会听到对方对你发出一些不礼貌的挑衅,一般人听到这些充满挑衅意味的言语,都会情绪激动立马给予反击。如果你也如此激动,那可就上了对方的

"当"。对方之所以挑衅你,就是要以此挑起你们之间的战争,让你成为冲动这位魔鬼的奴隶,做出不利于自己的事情。

所以,对于对手的刻意挑衅和威胁,最好的应对方式是不予理睬,不管对方说什么,索性假装没听见,你只需要知道自己该做什么,不给对方找到对你开战的借口。

★勇于承认自己的错误和不足

金无足赤,人无完人,人总是有缺点的,也会有犯错的时候,很多人害怕面对自己犯下的错误,不敢面对自己的缺点和不足,总是想尽办法去遮掩和逃避,生怕因此而被人轻视,尤其是被对手看不起。

其实真正有能力的人,是个勇于承认自己的错误和缺点的人。只有正确面对这些问题,你才能真正了解和认识到自己,做到扬长避短。所以,承认自己的错误和不足,让对手感受到你的坦诚,对手也就放松了对你的戒备。

★让对手感觉到你需要他

如果能让你的对手知道你需要他,那么无形中就抬高了对手的自尊,对手心里一高兴,接纳了你,那么你们之间的矛盾就可以避免被激化,甚至还可能因此而被消解。当然,至于你是否真的需要,那就是另外一回事了。

其实化敌为友的方法有很多种,关键就看你是否拥有这样的勇气和胸襟。有敌人在身后敌视和打击,总是令人担忧和疲惫,何不化敌为友,大家一起和平共处共赴前程呢?

对折磨过你的人心存感激

俗语有言："刀不磨不锋利，人不磨不争气。"在日复一日的生活中，我们难免会受到各种各样的折磨：敌人的百般打击、上司的百般刁难、同事的冷嘲热讽、朋友的风言风语……这些看似与自己为敌的人，往往也是自己的贵人。所以，我们不必对他们心存怨恨。而是要积极地面对他们，因为毕竟是他们激发了我们的斗志，磨炼了我们的意志，从而提高了我们的才能。

成功学大师卡耐基说："一个人在饱受对手折磨的背后隐藏着未来的成功，所以，敌人是促进你取得成功的动力源。"一位哲人也说过，任何的学习，都比不得上一个人在与敌人较量的时候学得迅速、深刻和持久，因为它能使人更深入地了解社会，接触社会现实，使我们得到提升与锻炼，从而为我们铺就一条成功之路。

因此，如果你能够以感激的心态去对待你的敌人，那么你就不再是一个悲观消极、面对苦难掩面而泣的人，而是一个在道路上无往而不胜的勇士。

汽车大王亨利·福特出生于密歇根州格林费尔德城，父亲是当地一个农民。福特在家排行老大，所以从 13 岁开始，他就在一家私人加油站打工养家糊口。

福特刚开始想学修车，因为他很早就对机器类的玩意儿感兴趣。但是，起初老板也只允许他在前台接待顾客，打打杂。

老板是个极为苛刻的人，每次都不让小福特闲着。每当有汽车开进来时，都会让他去检查汽车的油量、蓄电池、传动带和水箱等。后来，老板又会让他去帮助顾客去擦车身、挡风玻璃上的污渍。有一段时间，每周都有一位老太太开着她的车来清洗和打蜡。这个车的车内踏板凹得很深很难打扫，并且这位老太太极难说话。每次当福特给她把车清洗好后，她都要再仔细检查一遍，并让福特重新打扫，直到清除掉车上的每一缕棉绒和灰尘，她才会满意。

终于有一次，小福特忍无可忍，不愿意再侍候她了。这时店老板厉声斥责他说："你不愿干就赶快滚，你自己看着办吧！"小福特心中很是痛苦，回家后就将事情告诉了父亲，父亲却笑着告诉他："好孩子，你要记住，这是你的工作责任，不管顾客与老板说什么，你都要尽力做好你的工作，这将会成为你的人生财富。"

在以后的日子中，小福特就谨记父亲的话，不管老板与顾客再刁难他，他都会以微笑视之，并努力将事情做好。几年后，福特就凭借自己的各种基本洗车技术以及其在顾客中的良好表现，开起了自己的店面，最终成为世界级的"汽车大王"。

其实，福特的成功与他懂得感激那些折磨自己的人有着极大的关系。"吃一堑，长一智"，那些让你吃一堑的人正是给你一智的客观条件。如此，你为什么不对其心存感激呢？只有学会感谢折磨你的人，才能让你与成功结缘。

为此，我们不妨问问自己，在日常生活和工作中，你是否有这样的感受：你的上司很差劲，经常批评你或者对你有误解，而这种情况反而促使你萌生一定要成功的念头；你的父母兄弟对你的关心不是很多，而且他们也没有更多的条件来给你提供什么帮助，你是不是会因此而萌生要闯出一番天地的念头……

从心理学角度来看，当一个人受到打击超过自己心灵所能承受的限度的时候,他就会爆发出一股力量,这股力量会驱使他向别人证明:"我能够成功!"

如此看来，我们是不是要对那些折磨过自己的敌人或是朋友心存感激之情呢?如果没有他们,或许就没有我们今天的成就!

曾经,一位记者问奔驰的老板:"奔驰车为什么能进步如此之快,迅速风靡世界?"奔驰的老板答道:"因为宝马将我们追得太紧了。"几日后,记者又问宝马的老板同一个问题,宝马的老板回答说:"因为奔驰跑得太快了。"

很多实例都说明了对手就像是推动我们不断进步的一双手。当我们被对手追赶,并很可能被超越时,我们才会毫不懈怠、全力以赴地奋力拼搏,这让我们始终向着更好的方向发展。所以,面对和自己匹敌的对手时,我们应该以欣赏的目光去感谢他们。

★感谢在艰难中离开你的人

人在顺境的时候,有很多人会主动的接近你,我们称这些人是"锦上添花"的人。人在逆境的时候,有很多人会故意地躲开你。对于那些顺境的时候在一起的人,我们要说一声"谢谢",因为那些人曾给我们的"锦"上添了"花";而对于逆境时离开我们的人,我们不能对其充满埋怨,也要衷心地说一声"谢谢",因为正是他们的离开,让你变得更加强大,使你在面对危机的时候,清醒地认识到:只有自己才能拯救自己。

在人生的大海里航行,谁也不能一帆风顺,每个人都会有遇到风浪的时候,感谢那些在艰难中离开我们的人,是他们让我们变得更加坚强,更有韧劲。他们给了我们一双看透世界的眼睛,从而让我们更加了解这个世界。千万不要怪他们,更不要为失去他们而郁郁不平,因为前方有更好的人在守着你、等着你！

★无谓的意气之争要不得

亦舒曾说过这样的话："聪明人，无谓争意气。"

当今社会，太多的虚名虚利并不值得我们去追逐，可是现实中却仍有许多的人参与到这样无休止的争执中，其结果却是毫无意义。无望的抗争，有时不如默默地等待。无谓的相争，绝非良策，只有学会审时度势，懂得让步，才能在退却的假象中寻找合适的机会，获得成功。

★乐观对待对手的强大和优秀

身为爱尔兰著名女作家的梅芙·宾奇曾经是一所学校的老师，由于收入很低，她的生活过得很是清苦，总是需要向别人借债度日。后来，由于债主的百般催逼，促使梅芙·宾奇拿起了笔，通过写文章来挣钱还债。经过一番努力，渐渐的，梅芙·宾奇的名字在爱尔兰家喻户晓。很多年后，当她在公共汽车站偶遇当年的那位催债的债主，她不胜感激地说："谢谢您，是您把我逼成了畅销书作家！"

可见，梅芙·宾奇的成功正是来源于对手的"逼迫"，如果债主当时没有给她压力，也许她仍然生活在碌碌无为之中，还过着拮据的生活。从这个角度来说，一个没有厄运、没有对手的人，是很难成为强者和有所作为的。

因此，在某种意义上，我们永远不要试图消灭对手，而应该乐观看待对手的强大和优秀。正如希腊船王欧纳西斯所说的："要想成功，你需要朋友；要想非常成功，你需要敌人。"

不可否认，生活中，每个人几乎每天都会受到折磨，而每一次折磨都代表你又要进步了。那些折磨我们的人可以让我们时刻检讨自己哪些地方做得不好，哪些地方需要改进，进而让自己变得更坚强、更优秀。如果说，对你好的人是在"帮助你成功"，那么折磨你的人则是在"逼迫你成功"。为此,我们从现在起,就要时刻对折磨你的人心存感激。只有这样,我们才能在折磨中体会到一种幸运和满足,才能使自己更为成功。

别畏惧竞争,给对手多一点掌声

现今社会,由于激烈的竞争,让我们随时都有可能遇到对手,让我们面临竞争的挑战、利益上你追我赶、荣誉面前你争我抢,此时大多数人内心平衡被打破,会对竞争对手产生怨恨、畏惧、逃避等消极心理。

其实,这种思维方式是非常狭隘的,因为当事人没有看到竞争所给予自己的,不仅仅是危机和斗争,它还是一剂强心针,一部推进器,能够激发自己不断前进,以获取更多更大的成绩和成功。

我们先来看看下面这个故事:

某家动物园为了吸引更多的游客,特意从遥远的非洲引进了一只狮子。

狮子的勇敢和凶悍是尽人皆知的,据说它们一天能够逮捕三只羚羊,而其他的美洲豹再拼劲儿一天也就只能逮捕一只羚羊。

面对这样一个"远方贵客",动物园的管理员们想方设法给它好吃好喝的,每顿饭都特意为狮子准备精美的饭食。不仅如此,管理员还特意开辟了一个不小的场地供狮子活动。

可是,狮子并没有因为受到特殊的对待而过得舒心,它整天都闷闷不乐的,看上去总是无精打采。

见此状况,动物园的管理员大惑不解,开始他们以为或许是狮子对新环境不大适应,过一段时间就好了。

可让他们没想到的是,两个月过后,狮子还是老样子,它甚至连饭菜都不吃了,生命处在奄奄一息的危险状态。

眼看着"活宝"这样,园长可急坏了,他赶忙请来兽医多方诊治,可是没发现狮子有任何病。

紧接着,兽医提出了一个建议:在狮子生活的领域放几只老虎,或许能让狮子打起精神来。

果然不出所料,人们发现,老虎的到来让狮子时时处于警觉状态,每当运送老虎的车辆出现,狮子就站起来怒目而视,摆出一副严阵以待的阵势。

没过多久,狮子的活力逐渐恢复了,这时候管理员们也长舒了一口气。

大自然的规律是"物竞天择,适者生存",换句话说,没有竞争,就没有发展;没有对手,自己就不会强大。正是竞争的存在,推动了我们的前进;正是对手的存在,促使着我们成功。

其实不难理解,一个人如果没有对手,再加上上进心不是很强的话,那么他就会甘于平庸,养成惰性,最终庸碌无为;在一个群体中间,如果缺乏竞争对手,就会使人丧失活力,丧失生机;在一个行业中,如果缺少对手,那么也容易让人丧失竞争的意志,就会因为安于现状而逐步走向衰亡。

因此,我们不应该消极地排斥对手,而应该积极地面对对手,主动参与到竞争中去。此时,对手会使我们不敢退缩、不敢松懈,时刻怀有无穷的动力,我们必然能激发出自己的最大的潜力,进而彰显出最优秀的自己!

众所周知,林肯是美国历史上最有影响力、最完美的统治者,无疑他是一个优秀的成功者。他之所以成功,除了自身卓越的领导能力之外,与他重视、欣赏萨蒙·蔡斯这个有力的竞争者也有很大的关系。

1860 年，当林肯当选为总统之后，他决定任命参议员萨蒙·蔡斯为财政部长。

林肯把自己的想法告诉了参议员们，可没想到，顿时引起一片哗然，很多人都投出反对的一票。

对此，林肯颇为疑惑地问："萨蒙·蔡斯是一个非常优秀的人，为什么会引起这么多人反对呢？"

参议员们给出了这样的回答："萨蒙·蔡斯是一个狂妄自大的家伙，他狂热地追求最高上司权，一心想入主白宫。而且，私底下他甚至认为自己要比你伟大得多。"

听完参议员院们的话，林肯笑着问道，"哦，那你们还知道有谁认为自己比我要伟大的？"

这些人不知道林肯为什么要这样问。

林肯解释说："如果你们知道，有谁认为他比我伟大，你们要及时告诉我，因为我想把他们全都收入我的内阁。"

最后，林肯还是任命萨蒙·蔡斯为了财政部长。事实证明，蔡斯是一个大能人，在财政预算与宏观调控方面很有一套。但是，对权力的崇拜使他对林肯一直很不满，并时刻准备着把林肯"挤"下台。

林肯的朋友纷纷劝说林肯最好免去蔡斯的职务，但林肯轻轻地笑了笑，表示自己对蔡斯满怀感激之情，是不可能罢免他的。朋友们对这样的说法难以理解，于是，林肯就讲了这样一个故事：

"有一次，我和我的兄弟在肯塔基老家犁玉米地，我牵马，他扶犁。这匹马很懒，但有一段时间它却在地里跑得飞快，连我这双长腿都差点跟不上。到了地头，我发现有一只很大的马蝇叮在它身上，我随手就把马蝇打落了。我兄弟问我为什么要打落它，我说我不忍心看着这匹马那样被咬。我兄弟说：'哎呀，正是这家伙才使马跑得快啊。'"

然后,林肯意味深长地说:"现在有一只叫'总统欲'的马蝇正盯着我,我会时刻提醒自己不能松懈,要不断地向前跑,努力做好自己的工作。否则,我就会被别人所替代!这也正是我能做好工作的主要原因。"

由此可见,对于一个想干出一番事业的人来说,他们会将竞争当作自己不断努力的动力,无所畏惧地参与竞争,积极地迎接对手的挑战。也正是因为如此,他们获得了不断的成长和强大,为成功打好了坚实的基础。

总之,竞争是一剂强心针,一部推进器。面对竞争对手时,最好的做法就是相信自己,敢于迎接挑战,积极备战。唯有如此,我们才能不断得到进步和成长,生命也才会更精彩。信守这个道理,你就会是最大的赢家。

★相信自己,别输在心理素质上

和对手竞争,比的不单单是外在实力,还有各自的心理素质。通常来说,心理素质较强者,会在竞争中做到沉着冷静、从容不迫,最大限度地发挥自己的专业水平;而心理素质较差者,会在竞争中出现紧张不安的情绪,从而使失误率增加,难以发挥出真正的水平。

对于外在实力相当的两个竞争者来说,最后胜出的肯定是那个心理素质好的。如果你自认各方面条件都不比对手差,却总是赢不过对手,就要想想,是不是自己的心理素质不够好。

克服心理障碍有很多办法,最主要的就是要相信自己,不要给自己增添太多"输赢"方面的压力,也不要太顾及别人对自己的看法,毕竟一次的成败并不能解决所有问题。另外,还要不断提醒自己要静下心来,把注意力都集中在所做的事情上。《道德经》中讲"致虚极,守静笃",就是说,要专注到一个极点,要守住心,让精神高度统一。只有心无杂念,思想高度统一,才能减少失误。

★不妄自菲薄,找到自己的优势

有些人在竞争中屡屡受挫,追其原因,并不是因为他们笨或者不够努力，而是不爱动脑子，不懂得运用自己的优势。不动脑子让我们在与对手竞争时总是感到困难重重，从而半途而废。其实，很多事情并不难，如果能充分利用自己的优势，就能最大限度地发挥自己的潜能，从而让别人刮目相看。

想要成为竞争中的胜利者，就要先问问自己到底能做什么，你的优势在哪里。当然，无论做任何事都不能太着急，也许，你一时半会儿找不到自己的优势，不要因此就感到绝望。只要你坚持做自己喜欢做的、感兴趣的事情，你就很有可能将这些事情变为你的优势。如果某一天，你在做某类自己喜欢的事情时，不再磕磕绊绊，而是能够轻轻松松将其做到完美，这就表示你已经创造出了你的优势。

★只有输得起，才能赢得最后的胜利

在漫长的人生路上，我们会遇到各种风险与挑战，不过，历来风险与机遇都是并存的，所以在风险之中又隐藏着机遇。人生道路上的跋涉是艰难的，其间有失败，也有成功。在没有走到生命尽头的时候，谁也无法说清到底是成功了，还是失败了。一时的失败，并不意味着永远的失败，一时的成功，也并不意味着永远的胜利。

我们要在生命的任何时候都不能泄气，都要充满希望，因为真正的胜利往往属于那些输得起的人。用美国股票大王贺希哈的话说："不要问我能赢多少，而应问我能输得起多少。"只有输得起的人，才能赢得最后的胜利。

其实，对手是每个人生命里都会出现的角色。所不同的是，懦弱的人认为对手是障碍，会阻碍我们前进的步伐；强者认为对手是力量，会推动我们不断创造辉煌。不能不说，后者的心态和想法更利于我们的成长和成功。因为在某些时候，真正激励我们走出困境，走向成功的并不是我们亲人和朋友，也不是我们赢得的鲜花和掌声，而是那些曾经打败过我们或者想打败我们的对手。所以,面对对手,我们应该换一种思维,代之以感激、超越的心态,而不是痛恨和害怕的想法。

善待你的对手,才能真正"双赢"

"双赢"是现在人与人相处、团队与团队相处,乃至行业与行业相处所公认的一种理想局面。只是,对于此,更多的人只认为共赢只会存在于和自己合作的伙伴之间,而和竞争对手之间往往是"不是你死,就是我亡",是绝不会和"共赢"沾边的。

事实果真如此吗?

答案是否定的。也就是说,我们和对手也可以达到双赢的境地。所以,我们需要合作伙伴,而不要排斥对手。

古代儒家学代表人物孟子曾说:"出无敌国外患者,国恒亡。"无独有偶,奥地利作家卡夫卡也说:"真正的对手会灌输给你大量的勇气。"从这两句话中,我们不难看出,善待对手,方尽显品格的力量和生存的智慧。

乒坛名将瓦尔德内尔与中国男乒"为敌"十多年,多次将我们的乒乓国手挑落马下。可这位极具威胁的对手,在中国乒坛却受到了极高的礼遇。因为正是瓦尔德内尔等世界乒坛名将的存在,才使中国乒坛时刻不敢懈怠,不断巩固和提高自己的实力,确保了在世界乒坛的霸主地位。围棋高手常昊与李昌镐,竞技场上是一对互不相让的"冤家",赛场外却情同手足。失去这样的对手,失去的就不仅仅是互相切磋、提高技艺的机会……

实际上,竞争是辩证的,它导演着一幕幕胜利者喜剧的同时,也无情地谱写一曲曲失败者的悲歌。毋庸置疑，既是对手，便有竞争。但是，如果缺少了这种竞争，人们的工作和生活就会失去激情和活力。

或许我们从表面上看来，自己从竞争对手身上所得到的"好处"远远小于"坏处"，这很可能是因为我们从对手身上得到的学习机会没有那么直接、明显，可是不要忘了，仅仅是对手带给我们的需要承受的压力就已经是很宝贵的财富，对我们的成长和成功将会大有助益。

所以，我们不要随便把对手视为敌人或仇人，只有带着这样的思维方式和习惯，我们才可以冷静地观察对手，并客观地审视自己；也只有这样，我们才能通过和对手交手而学习更多有价值的东西。

不过不无遗憾的是，很多人还做不到这一点。这是因为对手和敌人往往只有一线之隔，甚至是一体两面，所以在多数人眼中，对手是很容易被视为仇人的一类人。所以，我们会不自觉地带着各种情绪来看待对手，心里会油然而生这样的想法：对手就是置我于死地的人，怎么能向他学习呢？

这些人不知道，实际上越是敌人和仇人，他们身上可供我们学的东西才越多。不妨想想看，对方要消灭你，一定是用其心力，倾其智慧。殊不知，对手使出浑身解数的时候，也正是传授给我们最多招数的时候

所以，如果你遇到的是强大的对手，那么我们应该恭喜你。对于如何"对付"这个对手，最好的办法就是像每天照镜子一样，时时地盯住这个对手，从各个方面欣赏他，向他学习自己身上所欠缺的东西。

总而言之，只有有对手存在，我们才会有危机感，才会有竞争力。因此，请善待我们的对手！

★主动接受对手

俗话说得好，"尺有所短，寸有所长"，如果我们多看看对手的强项和优势，从心底里尊重和欣赏对方，那么我们就更容易从他身上学到长处，

从而更利于自己的发展。

古人说知音难觅,其实对手更难求。如果缺少对手,我们将会迷茫而不知所措,我们的生命也因此缺乏了更有价值的东西。

所以,我们不妨主动接受对手,放下我们的自私和虚荣,在与对手的竞争中,光明磊落,心态平和。

★拥有大度和宽容心态

如果把对手仅仅看作势不两立的敌人,那么当对手比我们强大的时候,我们就会产生嫉妒之心,恨不得置之死地而后快。而真正有智慧的人则会对对手心怀感激,拥有宽容的心态。历史上很多相关的案例,比如三国时期的周瑜,在千方百计算计对手诸葛亮不成,反倒"赔了夫人又折兵",终于发出"既生瑜,何生亮!"的悲壮感慨,并郁郁而终。而宋朝时爬上丞相职位的秦桧则以"莫须有"之罪陷害对手岳飞,反倒落得长跪西湖,遭人唾弃的下场。与他们相反,春秋战国时代的廉颇、蔺相如的和解换来的是千古佳话;而诸子百家、百花齐放赢取的则是思想的大飞跃。

因此说来,如果我们在和对手的较量中,拥有大度宽容的心态,更容易促进双方的进步,而如果一门心思陷害对手,那么最终只能是害人害己。

★远离虚荣之心

在商界有一句这样的话,即"同行是冤家"。的确,在大多数人看来,同行与同行之间似乎只有鹬蚌相争的可能,而无和平共存的希望。

可是不要忘了,虽然从抢占市场角度而言,同行是冤家。但是不可否认的是,如果没有同行,只有个人垄断,那么最后的结果势必会不思发展,暗淡收场。

因此,我们有要抛弃虚荣心理,主动接近对手,并了解对手,学习对手,最终实现双赢的最佳效果。

说到底,一个真正相配的对手,对彼此来说,都不失为一种极其难得的资源，从某种意义上说，两个强大的对手之间是"相斗相亲"的。这是因为，他们既会因为各自的利益而斗得昏天黑地，也会把对方当作不可或缺的"朋友"。当他们处于竞争白热化状态的时候，实际上也是双方均处在最为辉煌的时候，这时候如果一方消亡，那么另一方就很可能走向衰退，除非他又遇到了新的更强大的竞争对手。

所以说，我们要把对手看作竞技场上的陪练，善待对手，只有这样，我们才能更快地让自己进步，才能让彼此实现真正的"双赢"。

找一个竞争对手"盯"自己

一个人，一个企业，一个行业，如果没有伙伴会觉得孤独，但是如果没有对手，则会更加孤独。

如果长期处于一种没有对手的状态，那么我们的人生很可能就此止息，没有更大的发展和希望。相反，如果我们想尽快走上成功的道路，那就必须为自己找一个对手，让对手在我们前后左右"盯紧"自己，这样，我们前进的速度才会更快，我们的潜能也才会更大限度地发挥。

作为某大城市中的两家电器经销商，是通过几年来在和诸多电器经销商或明或暗的激烈较量中脱颖而出的。而这两家彼此又成为了最强硬的竞争对手。

3年前，经销商A为了增强竞争力，就采取了极度扩张的经营策略，通过大量地收购、兼并各小企业，并在各市县发展连锁店等形式，让自己的地盘越来越大。但是结果并不理想，由于实际操作中有所失误，导致信贷资金比例过大,经营包袱过重,这样一来,其市场业绩呈现不升反降的态势。

此时,很多业内外人士纷纷向 B 经销商提出"中肯"建议——趁此大好时机,不妨主动出击,一举彻底击败 A,让自己独享电器市场这块大蛋糕。

没想到,经销商 B 只是微微一笑,并没有采纳众人提出的建议。

更出乎众人意料的是,在 A 最危难的时机,B 却主动伸出了援手,筹措资金帮助 A 渡过难关。

在 B 的帮助和自身努力下,A 的经营状况日益好转,逐渐地,又给 B 施加起经营压力来,二者又成为了彼此强有力的竞争对手。

这时候,又有人"打抱不平":B 真是心慈手软,现在好了吧,人家 A 强大了,又和他竞争了……对此,经销商 B 却毫无后悔之意,他们稳扎稳打,招纳贤才,并通过多种方式调动员工们拼搏进取,丝毫不敢懈怠。

就这样,A 和 B 在激烈的市场竞争中,既是朋友又是对手,双方相互较量,但在由此导致的损失的同时,双方获得的确是更大的收益。

几年之后,A 和 B 都成了当地赫赫有名的行业翘楚。

事后在接受媒体采访时,当记者问及 B 当年的"非常之举"时,他一脸的平淡:打败一个对手有时候不是很难的事,但是如果缺少竞争对手却是乏味的。企业之所以能够不断发展壮大,很大程度上应该感谢对手时时给我们施加的压力。如有没有这些压力,我们就失去了战胜困难、克敌制胜的动力,那样在残酷的市场竞争中也就难以站稳脚跟了。

事实上,的确如经销商 B 所说,如果没有竞争对手施加的压力,那么就会感到乏味。如果没有对手紧紧地"盯"着自己,那么我们前进的动力就会逐渐消退,我们生命的机能也就不断萎缩。最终的结果只能是我们越来越缺乏激情,度过暗淡的人生。

只有不断地有对手给我们施加的压力，才能让我们在压力中多多用心，努力将压力转化为动力，这样我们的生命才会越来越有活力，我们的事业才更容易取得成功。

★正视对手，并学会选择对手

俗话说得好，一个人值多少身价，看他的竞争对手就知道了。换句话说，没有选对竞争对手，我们往往就看不出自己的价值，而且也激发不出自己真正的潜力。就像古人所说的："下棋要找高手，弄斧须到班门。"也就是说，要想提升自己，不仅需要面对对手，更需要挑战高手。

一直以来，两大快餐巨头麦当劳和肯德基的争斗似乎从未停止。但是他们争斗的结果之一，也是一个非常重要的结果，就是把全世界的目光都吸引到他们那里。我们经常看到，哪里有麦当劳，附近就会有肯德基。同样的，哪里开了家肯德基，哪里就会开家麦当劳。这样竞争的结果是诸多大大小小冒出来的快餐品牌，最终只得暗淡地拍在角落里，舞台的中央，却只有"麦肯"两位主角。

★不要拘泥，认识到对手的宽泛性

很多时候，我们对于对手的理解有些狭隘。其实，对手不仅仅指的是某一个人或单位，在广阔的世界上，凡事存在对立关系的，都可以称为竞争对手，我们的生活也正因为种种竞争对手的存在而越发地精彩。

对于黑夜来说，白天是它的对手，但它们却共同促成了昼夜交替，让人们日出而作，日落而息；对于生存来说，死亡是它的对手，但是二者却神奇地演绎着生命的轮回；对我们自身来说，昨天的自己和今天的自己也是竞争对手，前者让后者不断前进，一天比一天优秀……

总而言之，对手无处无在，无时不有，我们应该学会正视时时刻刻方方面面存在的竞争对手。

其实，对手就像是一面镜子，可以帮我们看到自己的优势所在，也可以帮我们发现自己的不足之处。如果没有对手存在，那么我们的不足可能就不会及时而深刻地被发掘，也就无从谈改进了。所以，我们要为自己寻找一个"紧盯"自己的对手，这样才不会因为缺乏追求和动力而消沉，也才会在成功的道路上渐行渐远。

"望敌成龙"，对手的强度决定自己的高度

对于"望子成龙"我们都不陌生，可你听过"望敌成龙"吗？

这是人们对于竞争而"杜撰"的词汇，但我们却可以看出竞争关系中的微妙所在。

有人说，对手的高度，往往决定了自己的高度。所以，要想成为真正的强者，就得保持"望敌成龙"的心态和气魄，并敢于向行业中的最强者挑战！

看看古往今来，古今中外，哪一个有着"伟人"之称的人不是通过与对手的较量才取得巨大成就的？

如果不是因为对手的出现，菲洛·法恩斯恐怕不会以最快的速度将电视机原理图研究完善，从而提早了电视机的问世时间。

如果不是因为耳聋这个竞争对手，贝多芬或许就不会用声音的振动原理将乐谱完成，成为一个"扼住命运咽喉的人"。

如果不是坎坷的仕途这个竞争对手，苏东坡的文学天赋或许就不会发挥得淋漓尽致，或许我们也就读不到"大江东去，浪淘尽，千古风流人

物"的万丈豪情了。

在西方谚语里有这样一句话："感谢你的敌人吧，是他们使你变得如此坚强。"的确，这句话更加直接而充分地说出了竞争对手对于我们的意义。如果说朋友是我们危难时刻的救命草，那么敌人则可能是我们危难时刻的助推器。

所以，我们应该"望敌成龙"，因为在与强敌的不断较量和周旋中，我们才会越来越经得起考验，越来越有所作为。

几年前，费明是一位在某金融公司做助理研究员的普通职员，他有一个爱"挑刺"的主管，总是动不动就挑剔费明这儿不好，那儿不对，处处刁难他，更过分的是，主管有时候要求办公室其他同事一起去酒吧，也总是"忘掉"费明。

费明对此总是在心里默默一笑，然后给自己不断打气。他会特意去更高档的酒吧，比主管还享受。这位主管为了让费明难堪，工作中还特意为他设置各种障碍，对此，费明也没有生气，而是不断地努力，不断地进步。

现在，费明因为业务精湛，已经跳槽到同行业中最牛的那家金融公司任部门主管了，主要做一些管理和顾问工作，而不再做一开始时的基础工作了。

在费明看来，幸亏当时主管那样对待自己，否则自己可能还是个普通职员的身份。正是这位主管的态度，逼迫他走出了一条康庄大道。

可以说，一个人有多大的胸襟，那么他就会有多高的成就，争得了一时不重要，争的了永远才重要。所以，在生活和工作中，我们不要怕那些比自己强，处处压制自己的人，恰恰是他们的存在，才让我们跑得更快！

不可否认，一个人的成长和发展离不开朋友，但同时也不要忘了对手的重要性，尤其是强大对手的重要性。如果我们善待来自对手的刺激，就会学到更多更重要的生活和工作的技巧和方法。

任何一个真正的强者，都会对来自强大对手的压力表示感激。因为他们知道，对方的强度，从某种意义上直接决定了自己的高度。这种比较所带来的压力，促使我们时时刻刻处于一种危机感中，从而促使我们不断向更高处攀登。

★感谢对手，他让我们快速进步

对手是存在于我们周围的某个人或者某些人，可能是我们的同事，也可能是我们的朋友，亦有可能是同一领域中的陌生人。但是，不管怎样，我们都不能把对手单单看作敌人，而应该认识到，他们在一定程度上激发我们的潜能，而且对手越强大，给我们带来的助推作用就越大。

★优秀的对手让我们更强大

在第27届奥运会上，我国乒乓健将孔令辉在男子乒乓球单打决赛中，艰难地以3：2战胜瓦尔德内尔后，拿到了冠军。就在全国人民为之欢呼雀跃的时候，主持人却说了一句让我们难忘的话："我们感谢瓦尔德内尔。"

的确，正如这位主持人所说，正是由于瓦尔德内尔这样一个强大对手的存在，才让垄断世界乒坛的中国有了"棋逢对手，将遇良才"的感受。这样的对手会让我们变得强大，因此我们要感谢对手。

寓意着这一道理的，还有一个大家都熟悉的著名实验：动物学家对生活在非洲大草原奥兰治河两岸的羚羊群进行过研究，他发现东岸羚羊的繁殖能力比西岸的强，奔跑速度也不一样，平均每一分钟要比西岸的快13米。几经努力，动物学家才明白，东岸的羚羊之所以强健，是因为在它们附近生活着一个狼群，西岸的羚羊之所以弱小，正是因为缺少这么一群天敌。

这样看来，我们是不是应该感谢给我们带来阻力和障碍的"天敌"呢？若不是他们，我们又怎会有着不断前进的动力；如果不是他们的强大，我们又怎么会让自己一点点向强大进军？

能当上领导，必然有过人之处
——学会用欣赏的眼光看上司

很多上班族总爱抱怨工作如何不顺心，老板如何提出了不合情理的要求，似乎觉得自己进了错误的公司，跟了错误的老板。换个角度想，或者换位思考一下，你不妨在一张纸上，把老板的优点和缺点都写下来，总会发现老板的优点。比如，他非常霸道，但是对事业很投入，很能吃苦。与其抱怨，不如学习。虽然员工的职位在基层，但员工的眼光不能像井底之蛙。向上司偷师，学习上司运筹帷幄、通盘考虑问题、交流沟通的能力。

换一种眼光看待你的上司和老板

读万卷书，不如行万里路；行万里路，不如阅人无数；阅人无数，不如与成功者同步。选择了一个好上司，就是选择了一条通往成功的捷径。上司的魅力、气魄、做人的方式和做事的风格往往决定着公司的前途。对于员工来说，领导能看多远，也决定了你能走多远。

可是现实中，我们很多人却看不清这一点，很多人认为自己的上司"苛刻""小气"甚至觉得人家"素质太差"，觉得还不如自己，如果我们换个角度，怀着一颗感恩和欣赏的心来看上司，你会觉得他身上其实有许多值得你学习的地方。

有两位非常优秀的毕业生，在毕业之际得到了导师的推荐，导师把他们俩推荐到自己的一个老朋友开创的公司里，当时该公司正需要一名助理。

于是，这两个毕业生前去应聘。学生甲去了之后很快便回来了，而且还一脸不高兴，他对导师说："您朋友的公司实在太小了，而且他本人只是一个普通高校的本科毕业生，更何况他给我的工资也很低，根本对不起我这个名牌大学的硕士研究生呀。另一家公司给我开出的工资比他高一倍呢，所以我选择另一家公司。"于是，这个学生去了另一家公司上班。

随后，学生乙前去应聘，可是他回来后的表现和学生甲大为不同。只见他高兴地对导师说："导师，非常感谢您为我介绍这份工作，最让我开心的是，您的朋友的创业经历很值得我学习，而且通过跟他的交谈我觉得他知识渊博、见多识广，虽然工资不高，这比我应聘其他公司的待遇差不少，但是我还是希望能跟着他干。"

闻听此言,导师问道:"那你不觉得这么低的工资对你而言有些吃亏吗?"

学生乙回答道:"不会,因为我看到了这家公司的发展前途,跟着这样的老板,我觉得有信心。"

果然不出学生乙所料,仅仅5年的时间,他所在的这家当初刚起步的公司得到了迅速发展,现在已经成为"准上市"企业。而学生甲虽然现在的月薪已高达2万多元,但是学生乙的年薪早已超过50万元,他的职位也已经是公司的市场总监了。

学生甲和学生乙面对同一份工作,同一个老板,产生了截然不同的想法,也做出了不同的选择,当然他们也各自得到了不同的结果。

显然,那位能够从心底欣赏企业和老板的人看到的是事物积极的方面,他的眼光是睿智而长远的。在我们选择了一份职业的同时,我们更是为自己选择了一个上司和老板,无论你的上司或者老板怎样,我们都应该试着去欣赏和赞美他。或许他并不比我们高明,但是他之所以能够成为上司,肯定有着比我们更加优秀的地方,所以我们应该尊敬、欣赏,并且向他学习。

★深谙欣赏之道,你将得到巨大益处

上司之所以能够成为上司,他们身上肯定具备我们所缺乏的优点,有我们所不具备的特质,所以他们超越了我们,成了我们的上司。人最大的缺陷就是嫉妒,不愿意承认别人比我们优秀,也正是这阻挡了我们感恩的心,阻挡了我们前进的步伐,蒙蔽了我们发现上司身上优点的双眼。

如果我们由衷地欣赏和赞美自己的上司,当公司得到成长的时候,他也一定会对我们给予回报,因为是你的善行鼓舞了他这样做,与此同时有许多意想不到的机会来自于你发自内心地对他人的欣赏和赞美,在他最需要的时候给予他最珍贵的精神上的支持。即使我们与上司之间曾经有着误会和隔阂,也会因为赞美和欣赏而慢慢溶解。

★尊重上司，时常表达你的欣赏之情

就像人人都渴望被欣赏一样，人们也都渴望被尊重。我们要想赢得上司的好感，就要学着用欣赏的眼光打量他，用恰当的词语夸赞他。这样，领导会产生被尊重、被欣赏的感觉，如此一来，会让我们的职场之路更加顺畅。

★多说"谢谢"，对领导表示出你的感激之情

在人与人的交往过程中，是存在着"互动"效应的，我们和领导之间也不例外。换句话说，我们怎样对待领导，领导也很可能以同样的方式回馈我们。比如，我们常对领导的关心、激励和提拔等说声"谢谢"，那么就相当于向领导表达了一种积极的、有意义的举动。与此同时，领导会因为从我们这里获得过感谢，而希望再次受到我们的感谢和肯定。因为他看到了自己对下属的帮助能够被下属认识和赞赏。这样一来，我们的衷心感谢换来相应的回报也就顺其自然喽！

其实，在我们每个人身上都存在着值得令人欣赏的人格特质，而关键在于我们的眼睛是否具有发现力。

对自己的上司欣赏和赞美是一个员工道德素质的体现，它能够融合我们和老板的关系，向上司学习，我们也会同样具备相应的优点，这对我们以后的发展有很大的好处。

我们要时刻记得，上司不是好当的，能成为我们上司或者老板的人，大都经历过我们无法想象的困惑、挣扎和徘徊，也曾付出过我们难以想象的努力，所以我们一定要珍惜和成功者相处的机会，体会他们的金玉良言，将其作为我们职场上的典范。

领导喜欢被下属尊重的感觉

在马斯洛关于需求层次的理论中，受人尊重被放在最高一级需求当中。由此不难看出，"尊重"之于人们的伟大作用和积极意义。而作为领导，由于是一个团队的组织者和管理者，他们就更需要得到来自下属的尊重。

或许很多朋友认为，现代社会已经有越来越多的企业提倡"人性化管理"，也就是领导不再总是摆着一副高高在上的脸孔。

确实，一位亲民的领导，能够让下属在工作中感到轻松。

但是作为下属的我们却不要忘了，领导毕竟是领导，即便我们的领导很随和，我们也不应该忘记对他的尊重。因为每一个领导都喜欢被尊重的感觉。得到了下属的尊重，领导才更容易对下属产生好感，并努力帮助下属开展工作。

张楚卿从小聪明活泼，是个可爱的女孩，大家都叫她"开心果"。大学毕业之后，她到了一家不错的房地产公司工作。

在这家公司中，她感到非常快乐，因为她的上司对待下属很亲切，平时常常跟张楚卿和同事们在一起吃饭、聊天、说笑，甚至有时候称呼都不是"陈经理"，而是"陈姐"。自然，张楚卿把上司也当成了朋友，不时还和她开上几句玩笑。

然而就在最新，张楚卿突然发现，"陈姐"似乎对自己有意疏远，而且还时不时找个理由批评自己一顿。张楚卿感到很困惑，不知道自己到底做错了什么，于是去向在这家公司效力多年的老员工请教。老员工问她："你平时有没有在言辞上对经理不敬啊？"

老员工的话，让张楚卿思索起来。她想，平时自己除了爱开玩笑，也没什么其他的毛病，难道是她向上司开玩笑引起的？于是，张楚卿想到了最近的几个玩笑。

前些天，经理穿了身新衣服去上班，同事都说好看、气派，只有张楚卿夸张地喊着："哎呀头儿，穿新衣服了？"经理听了咧嘴一笑，她接着捂着嘴笑："这可是去年流行的款式呢，虽然看上去还不错，但是已经不合潮流喽！"听到这话，经理的脸一下就拉了下来。

还有一次，公司成功地签下一个大客户，当陈经理签完字后，对方连连称赞她的字写得好，说："您的签名可真气派！"此时，张楚卿碰巧走进办公室，听到这声夸赞，立马坏笑了两声，并说道："能不气派吗？我们头儿可是辛辛苦苦练了好一阵呢！"

直到现在，张楚卿才恍然大悟，当时经理和客户的表情都很尴尬，但是她自己却没放在心上。现在仔细一想，好像问题都出在这里。张楚卿满心后悔，这才明白：原来是自己这种不敬的态度，在当时就已让经理感到了不高兴。可是自己不仅没发现，反而还变本加厉，这样才导致了上司最近疏远自己。

从这个故事中我们不难看出，张楚卿实在是个"愣头青"，她或许只想着领导的亲民形象和随和个性了，而忘了领导还是这个团队的"一家之长"。

由此，我们可以受到很大的启发：不管我们遇到的是多么不摆架子的领导，也不管领导多么与员工亲密无间，我们也要明白，自己和领导依然存在上下级的关系。所以，无论什么时候我们都要注意自己的言行，表现出应有的尊重，这样才不至于立即遭到老板的反感。作为下属，平日里与领导说话千万要"悠"着点，不要直刺领导的过失，更不要损害领导的权威。在开玩笑的时候一定要看好场合，要清楚什么话该说，什么话不该说；什么话能说，什么话不能说。只有领导感受到了"受尊重"，他才会对你给予信任，满心欢喜地将工作交付与你。

所以说，在与领导的交流中，我们在轻松活泼的同时，也必须有所注意，不要因为一时口舌之快，忘记了尊重领导。

★说话要注意方式

很多时候，为了缓解下属们工作上的压力，领导都会与下属开几句玩笑，或者在下班之后跟下属结伴去消遣一下，因为领导明白，一年365天都脸色阴沉，这种方法不利于企业内部的团结，所以，他们也必须偶尔地展示一下自己的亲和力，以此来表示民主、随和，这样便会拉近自己和下属们之间的距离。但是，作为下属，却不要因此而忘了自己的身份，出现不分上下的情况，那会直接引起领导的反感甚至翻脸。例如"我不去，没空！""今天很忙，改天再说！"这样的话万万不可随口即来，否则领导就会感到你对他的不尊重，对你的印象大打折扣。

如果自己真的有事，那么自己应当如此向领导解释："太好了领导，我们大家都想和你一起放松放松呢！只是我今天有一点重要的私事，前几天已经安排好了，所以今天实在有些不方便。不过，其他同事还在，相信大家一定也会玩得很快乐！"然后向领导露出饱含歉意的微笑。相信这样的解释，领导一定会谅解，因为他此刻已经感受到了你的尊重。

★不要打探领导的私人秘密

有的下属喜欢和领导称兄道弟，以此希望彼此可以无话不谈。这样想就大错特错了。不管你和领导的关系多么融洽，也要记住，不要试图去了解领导的个人秘密，因为这就是对领导的一种不尊敬，对工作是没有好处的。也许你会认为，私事可以快速拉近你和领导之间的距离，但它同时也是一把"双刃剑"，可以帮到你，但最终的结果大多是你被它毁掉。

★虚心接受领导的批评

身在职场，有时不免会受到领导的批评，自己心里自然不会舒服。但是无论怎样，我们都应虚心接受批评，哪怕领导出现了失误。要明白，虚心接受领导的批评，这就是一种尊重。只有尊重领导，才能得到领导的喜爱。

所以说，一个合格的下属，在受到领导的批评时，应该尽可能地保持谦逊的姿态，虚心地接受领导批评，并尽可能地在领导批评完后，诚恳地请求领导给予指导，如果有机会，最好再向训示自己的领导表示感谢，而不要流露出对领导不敬的态度。这样，领导不仅不会再抱怨你，反而会立刻对你产生好感，认为你是一个可塑之才。

总之，想在职场上出人头地，那么就要学会尊重领导，这是职场一个最浅显却又最深刻的道理。所以，作为下属必须学会时刻尊敬领导，维护领导的威信，这样领导才能第一时间对你产生一个好印象。不然的话，一言不慎挨批事小，丢了工作可就真的得不偿失了。

充分发挥才能，成为老板的左膀右臂

老板是你职业生涯活动的直接或间接管理者和评价者。从某种程度上讲，老板是你职业生涯前途的决定者，如果和老板的关系处理得不好，就等于自己砸自己的饭碗。

如何建立上下级关系才是最稳妥的呢?作为一名主管，你应该让老板觉得你自己可以成为他的左膀右臂，并且你也真是这样做的，充分发挥自己的才能，把自己所有的智慧都用在帮助领导完成工作上，而不是用在阿谀奉承、拍马屁上。

有的主管在取得一定成绩后，开始孤芳自赏，但无论如何，他能够有今天，离不开老板给他的施展才华的机会。人才是需要伯乐去发现的，没有老板的栽培，你将会走很多的弯路。

在职场上，你只有为领导创造了一定的价值，老板才会觉得你是可用之人，才会为你提供更广阔的平台。如果你是一个骄傲自满、锋芒毕露的主管，领导就会觉得你不需要自己的帮助。如果你能够把自己的聪明才智花在帮助领导的工作上，一定能够收获一个双赢的结果。

很多主管都是才华横溢、能力卓越，但不一定能够安心地帮助领导。好主管应该明白自己的职责，自己是领导的辅臣，扮演的是辅助领导的角色。如果认为自己是一个很有才华的人，就应该用自己的才华帮助领导，而不是恃才傲上。

在现实生活中，桀骜不驯的主管不乏其人。他们总是认为自己是有能力的人，冲撞领导不算是什么毛病。但是，这种对领导的态度，是很难在职场上生存的。

还有的主管虽然到最后还是得服从权威，但是心不甘、情不愿，自然无法充分调动自己的积极性，更不会把自己的智慧都用在工作上，像这样违心地工作会给老板心里留下疙瘩。

小刘对工作认真负责，办事干净利索，工作能力强，起初领导很欣赏他，打算给他升职。但是，两年过去了，小刘还是"原地踏步"。

原来小刘认为自己能力强，经常在公开场合顶撞领导，让领导的尊严当众受损，作为领导又怎么可能提拔这样的下属呢？

而他的同事小徐就很尊重领导，他工作起来井井有条，非常有激情。虽然从业务上来讲，小徐不如小刘能干，但是领导看得出来，小徐对工作的认真和对自己的尊重要比小刘多得多。

你要想在事业上获得成功，就必须以一种良好的心态与领导相处。在工作上放低姿态，始终把自己当成领导的助手。只要你能尊重领导的权

威,领导会对你有一个非常好的印象,你和领导之间也一定会建立和谐融
洽的上下级关系。

和谐融洽的上下级关系的确立对一个职员来说很重要,它可能关系到
你日后的职业发展。如果老板赏识你,你可以少走很多的弯路。

工作能力再强也要尊重领导,服从命令

作为一名主管,千万不要恃才傲上,不把领导放在眼里,说话随意,不
顾领导的面子,一定会得不偿失。

有的主管很有才华,渐渐地就产生了一种毛病:喜欢按照自己的方式
做事。在与领导接触中,一定要注意宾主关系,不管是多么有工作能力的
主管,也是领导的下属,不能把跟领导的关系看得太随意。

苗雨是一家公司的主管,为人聪明能干,而且脑子转得快、言辞犀利。
他工作相当努力,为了工作常常加班到深夜,弄得自己身心疲惫。

工作成绩好是有目共睹,可是这么优秀的一名员工,在公司里却得不
到老板的青睐。这使苗雨感到非常的委屈,就向有经验的人求教。有经验
的人问他:"你平时是否在言辞上有对老板不敬啊?"

其实,原因就在于苗雨随着工作能力的突出,在老板面前变得越来越
随便,想什么说什么。

有一次,客户来找领导签字,连连夸奖上司:"您的签名可真气派!"这
时,一旁的苗雨听了之后便是一阵坏笑:"能不气派吗,我们老板在暗地里
练习可有三个月的时间了。"苗雨这句话说出口之后,上司和客户便同时

陷入了尴尬的局面。

在对待工作的问题上，即使是有别的同事在场，苗雨也非常坚持自己的意见，甚至不惜和老板顶撞，惹得老板不悦，苗雨自己却浑然不知。

在下属和领导的关系中，尊重领导、服从命令是第一位的，这是上下级开展工作、保持正常工作关系的前提，是融洽相处的一种默契，也是领导观察和评价自己下属的一个标准。在一个公司中，每一个人都有着属于自己的职位，有职位就会产生地位的高低。因此，下属尊重领导，服从命令，这是一条最重要的职场规则。

一些主管一直没有得到升迁或者加薪的机会，问题不是出在工作能力上，而是被自己取得的一点点成绩冲昏了头脑，做人做事总是少了些分寸。

不服管理，领导首先会想到你是一个不服管的人，一个不听话的主管怎么能够为己所用呢？这种主管工作能力越强，领导越是不喜欢，不光是看不惯你目中无人的样子，还会担心你有一天取代了他，一定会想方设法把你请出公司。好主管应该认清自己的位置，不要做出犯上的事情。

无论你是多么的正确，也要耐住性子，忍住直言相劝的冲动。如果你和领导沟通不好，就会被领导认为是言行无礼。在工作中，做事要考虑效果，老板高兴了，才愿意接受你的建议。

做大事的人，因为一点成绩就开始放肆，只会为自己招来麻烦，导致自己的失败，无法取得事业的成功，更有甚者，甚至失去了立足之地。在和领导相处的时候，逞一时的刚勇，不能够审时度势而一味坚持的主管是不称职的主管。在职场上立足，依靠自己的才能是基础，但同时还要学会低调做人，保护好自己，才能再图发展。

作为一个好主管，还要懂得恃才助上，而不要恃才傲上，这样能够使自己和领导的关系更加融洽，对公对私来说都是一件好事。另外，自己工作起来也更加有动力，否则你的才华反倒成为阻碍你发展的绊脚石。

欣赏老板身上的可取之处

在职场上遭受挫折与不公正待遇在所难免，如果主管采取消极对抗的态度必然会引起满腹牢骚，希望得到别人的注意与同情。尽管这是一种正常的心理自卫行为，但却成为许多老板心中的最大的问题。因为大多数老板认为，牢骚和抱怨不仅惹事生非，而且会像传染病一样造成组织内彼此猜疑、指责，打击团队士气。

林嘉是一个受过良好教育、才华横溢的年轻人，尽管大家都承认他的才华，但却始终得不到提升。其实，林嘉最大的毛病是缺乏独立创业的勇气，也不愿意自我反省，有一种嘲笑、抱怨的恶习。在工作中林嘉根本无法独立自主地做任何事，只有在老板督促和监督的情况下才能工作。在林嘉看来，敬业是老板剥削下属的手段，忠诚是老板愚弄下属的骗术。林嘉总是在精神上与公司的要求格格不入，使他无法真正从那里受益。

这个世界是公平的，人们只有有所施才能有所得。如果你决定继续工作，就应该衷心地给予老板同情和忠诚，并以自己所在的公司为豪。那些无法停止中伤、非难和轻视老板和公司的主管，就等于是在放弃自己的职位，缺乏反躬自省的品质。

在职场上，谁都会犯错误，犯了错误，受到老板的批评很正常。身为主管应该具有一名管理者应该具备的素质，不要因为一点不愉快的事情就轻视、中伤老板和公司。一位有气度、有上进心的主管是不会因为暂时的不愉快而非难别人的，从某种意义上说，批评是对那些伟大杰出的人物的一种考验。杰出无须证明，证明自己杰出的最有力证据就是能够容忍谩骂而不去报复他人。

在职场上很多主管取得了了不起的业绩，但是事业发展总是不算顺利。仔细在他们的身上寻找原因你就发现，他们总是喜欢抱怨，甚至批评老板管理不善，公司规模太小等等。他们每天显现出来的工作状态总是显得高高在上，对什么都不在乎的样子。

俗话说，"好话不出门，坏话传千里"，主管说老板和公司是非，总有一天会传到老板的耳中，给老板留下滋生是非、不服管的印象。与其抱怨对公司和老板的不满，不如努力地欣赏老板身上的可取之处，也许你会发现自己的处境大有改善。

身为主管，公司为你提供了很多的学习机会，你所取得的成绩离不开老板的提携，所以你应该对老板和公司表现出忠心，在工作上施展出自己的所有才华。在这个过程中，你也会发现自己并不完美，在努力工作的同时，自己也在不断地成长。

即使你真的遇到了一个能力一般的老板，也不要用一种轻视的态度，身为主管应该能够站在老板的位置为公司的发展思考，用委婉的方式与老板沟通。

好主管是不会轻视老板和公司的，只有不称职的主管只关心自己的感受，忽视自己作为员工与公司之间的联系。当不称职的主管嘲笑老板和公司的时候，也就是放弃自己在这个公司所拥有的一切。

在经济危机来临之时，很多企业常会通过裁员来渡过难关，而那些首先被裁掉的就是那些对老板和公司充满轻视、抱怨和诽谤的人。他们自身的心理问题限制了他们在职场上的发展，而不是个人能力。通常，企业老板更加看重下属的工作态度，其次是工作能力。如果一个人的工作能力不强，可以通过后期的培养来满足工作的要求，但如果一个人的心理总是有着诸多的问题,是需要更多的时间去改变的。没有哪个老板愿意将公司的资源浪费在这样的人身上,不如节约成本去培养那些热爱公司的员工。

那些只顾把时间花在指责老板、毁谤公司上的不称职的主管,是没有机会获得成功的。人的时间、精力和金钱都是有限的,好主管是不会将自己宝贵的时间花费在无益于提高自己工作能力的事情上的,而是会助老板一臂之力,为公司的发展出谋划策。

第八章

别怨他人没能力,想想自己有没有眼力
——学会用欣赏的眼光看下属

当你成为一名领导者,你会发现你需要处理更加复杂的问题,工作也更加繁重。如何正确、合理地对待下属,如何让下属立刻喜欢自己,怎样树立自己的威信,怎样激发下属的热情,怎样让下属佩服自己,是每个领导的必修课。

欣赏和夸赞是对下属最好的激励

现今职场中，我们常常注意到这样的现象，很多领导都会抱怨自己的下属工作不积极，上班没精神，工作没效率，每天都是一副"当一天和尚撞一天钟"的精神状态。

其实，很多时候，下属不能全身心地投入工作，原因是出在领导身上。下属有了成绩，他们就直接屏蔽掉，连一个"好"字都不愿意说。日久天长，员工心中的小火苗就被他们的冷漠扑灭了。

明清时期，有一个喜欢美食的官员，他家中有一个手艺很棒的厨子。厨子的拿手好菜是烤鸭，深受大家的喜爱，尤其是官员，三天不吃就馋得慌。但是，这个官员惜字如金，从来没有当面夸奖过这个厨子，厨子觉得很没有成就感，心情非常抑郁。

一天，官员的几位好朋友远道而来，他心情大好，就在家设宴招待他们。宴会上的压轴菜就是官员最喜欢吃的烤鸭。烤鸭上来之后，官员赶紧拿起筷子，给朋友夹了一只鸭腿，当他再次将筷子伸向盘中，想给另一位朋友夹鸭腿时，却怎么也找不到那只鸭腿。他让下人将厨子找来，然后不悦地问道："这鸭子怎么只有一只腿，另一只腿哪里去了？"厨子不慌不忙地答道："启禀大人，我们府里养的鸭子都只有一只腿！"官员觉得非常诧异，但碍于众多朋友在场，就没有再深究。

朋友走后，官员便跟着厨子到鸭圈去一探究竟。当时已经是夜晚，鸭子都在睡觉,都只露出一只腿。厨子指着鸭子说:"大人您看,我们府里的鸭子不全都是只有一只腿吗?"官员听后,极为生气,他用力地拍掌,吵醒了鸭子,被惊醒后的鸭子都站了起来。

官员冲着厨子喊道:"你自己看看,这里的鸭子不全是两只腿吗?"厨子也大声地回应:"大人英明啊!原来,只有鼓掌拍手,才会有两只腿呀!"官员当即明白了厨子的用意,从那以后,他不再吝惜自己的赞美之词,总是不时地夸赞厨子做的菜别有一番味道。厨子心花怒放,不断研究新做法,厨艺越来越高。

能使下属始终处于施展才华的最佳状态的一个最佳方法,就是领导的夸奖,这能有效地激励下属的工作积极性。然而,很多领导都如故事中的官员一样,碰到不顺心的事,就把下属批评得一塌糊涂;碰到应该夸奖的事,却又沉默不语,吝于赞美。这对下属的成长和团队的发展有百害而无一利。

大学毕业后,刘晶莹被一家中外合资的医药企业聘为业务员。工作的前几个月,她的销售业绩少得可怜,经理经常在员工大会上点名批评她。所谓"知耻而后勇",刘晶莹不断地钻研业务技巧,经常向老员工请教,经过不断的努力,她对业务的熟练度逐渐增加,与客户的沟通也越来越顺畅,销售业绩呈现出上升趋势。到了年底,她通过与同事们的接触,估计如果不出意外,自己应该就是年度销售冠军。但是,让刘晶莹失望的是,销售经理定下了一个政策:不公布每个人的销售业绩,也不鼓励相互比较,刘晶莹心里很失落。

第二年的工作一开始,刘晶莹就开始奋力工作,功夫不负有心人,刘晶莹的业绩十分出色,她提前两个月完成了全年的销售任务,但是,经理对此没有任何反应。

尽管工作上一帆风顺,但刘晶莹总是觉得自己干得不顺心。她觉得经理的政策很不合理，他从来只是批评做得不好的人，却从不告诉大家谁干得出色，一点也不关注销售人员的业绩水平。

一个偶然的机会，刘晶莹听说另外两家很有实力的医药企业都在进行销售比赛和奖励活动。那两家公司的内部还有业绩榜单，公司内刊，专门对销售人员的业绩做出评价，让公司的每个人都知道销售人员的业绩，并且开大会表彰每个季度和全年的优秀业务员。不比不知道，越比越失望，一想到自己顶头上司的做法，刘晶莹的气就不打一处来。

几天后，刘晶莹主动找到销售经理，跟他说了那两家公司的做法，希望他也可以采取同样的策略。但是，经理将脸一沉，说："每个公司的企业理念不同，我们部门实行这种政策已经好几年了，这也是咱们公司独特的文化特色，我们不能随大流，别人怎么做我们就跟风。"

刘晶莹由失望变成绝望，她立刻写了一封辞职信，辞职的理由很简单："经理，我对公司的贡献没有被给予充分的重视，没有得到相应的回报，我没有工作动力了。"

故事中的经理不懂得使用有效的激励方法，没有给予刘晶莹应有的赞美，这让刘晶莹的心里极度失落，缺乏满足感，她只好甩袖走人，该经理也失去了一名优秀的销售人才。

一位著名的畅销书作家曾在他的著作中提出这样的理论："在员工们希望得到的奖励中，排在第一位的就是顶头上司的口头赞赏或表扬，排在第二位的是上司的书面表扬或赞赏。"心理学家威廉·吉姆斯很同意这一说法，他说，员工渴望得到赞赏，没有人会从内心里认为自己受到的赞赏太多。

密苏里广播电视厂的代理总裁乔治·威勒曾感慨地说道："我还没有发现比对下属说'我为你感到骄傲'更好的话。那是你对一个人的最高赞赏。当一个下属极其出色地完成了一件工作，或为节约资金和削减消费提出一个很好的建议,仅仅说声'谢谢'是远远不够的。应该到他的生产线上,当着所有同伴的面说'万分感谢,贝尔,我真为你感到骄傲',他会比以前更加努力地工作。每个人都会如此,人人都需要这样的蜜汁。"

★**随时随地进行激励**

我们大概都有这样的感受,当下属受到领导激励和赞美的时候,会心存感激、热血沸腾,但是往往是"三分钟热度",持续不了多长时间,一切又都恢复如初。

由此可见,为了使工作效率得到提高,让每个人随时都保持高昂的工作热情,作为领导就必须随时随地进行激励。这就要求我们要随时随地对下属进行激励,不要等机会,而要去发现机会。一旦发现了下属的优点,就尽量不要放过,毕竟很多时候的夸奖也是"机不可失,时不再来"的。

富兰克林·罗斯福由于小儿麻痹导致下肢瘫痪,为此,克莱斯勒公司为身为总统的他特别制造了一辆汽车。当公司的一位工程把汽车送到了白宫时,罗斯福立刻对它表示了极大的兴趣,他说:"我觉得不可思议,你只要一按按钮,车子就开起来,驾驶毫不费力,真妙!"他的朋友和同事们也在一旁欣赏汽车,罗斯福当着大家的面夸奖说:"我真感谢你们花费时间和精力研制了这辆车,这是件了不起的事。"

不仅如此,罗斯福接着又安上了散热器、特制后视镜、钟、特制车灯等,换句话说,他注意并提到了每一个细节,因为他也知道克莱斯勒公司的工人们为这些细节花费了不少心思。

最后,罗斯福表示,他对克莱斯勒公司的发展前景大为看好。总统的赞扬被工程师带回了公司,从此,员工们热情越发高涨,更加积极投入地进行着各自的工作,最终,克莱斯勒和通用、福特共同坐上了美国三大汽车企业的交椅。

罗斯福的这种赞扬就是一种在顺境中的激励。这种激励使得本来就处于积极发展中的克莱斯特对自己更加充满信心，最终达到了更高的高度。

★下属的微小成绩也要表扬

著名的企业顾问史密斯曾指出："每名员工再小的好表现，若能得到认可，都能产生激励的作用。拍拍员工的肩膀、写张简短的感谢纸条，这类非正式的小小表彰，比公司一年一度召开盛大的模范员工表扬大会，效果可能更好。"所以，身为领导，我们要经常细心留意下属做出的小成绩，取得的小进步，并及时赞扬和激励，不仅可以鼓励下属积极工作，而且，你可能从中发现隐藏的人才。

★赞美要"分散"，而不要集中于某个下属

有些管理者常犯这样的毛病，对于表现出色的下属，总是频频送去赞美之言，对其他的下属则持基本无视的态度。相关研究表明："当管理者在特定时间内表扬同一个下属的次数越频繁，表扬收到的效果也就越低。"

任何一个团队里，如果让员工们听到的，总是极个别的一个或者几个人受到领导的夸赞，那么，他们就会产生挫败感，觉得自己的工作得不到认可，进而怀疑自己的能力，此外，他们还会对获得表扬的同事产生妒意，以至于影响到团队的和谐稳定。

因此，身为领导，不要反复去赞美那些早就被大家认可的下属。实施赞美激励时，我们应该本着顾全大局的原则，不管是新人还是元老，不管是表现平庸者还是工作出色者，只要他们有值得赞美的地方，就要毫不吝啬地去赞美他们，让所有人都沐浴在赞美的阳光中，团队才会朝气蓬勃。

总而言之，赞扬的成本是非常低的，可其利润往往是出乎意料地优厚。英特尔的创造人之一诺斯博士说："绩优的下属渴望得到上级的评估、赞美和表扬。如果管理阶层不这么做，这些下属就无法看到自己对企业的贡献，从而造成士气的低落。"由此可见，现今职场中的很多员工，不仅是为了获得金钱而工作,他们更希望得到上司的重视。所以,在下属取得成绩,表现出色的时候,就要适时地说一句:"干得漂亮,我为你感到自豪。"简单的一句话,却是对他们最有价值、最"给力"的激励。

受到奖励才会使人充满热情

相信很多朋友都看过马戏团的表演中那个有趣的节目,即"小狗做算术"。每次当教练员举起一个有数字的牌子时,小狗就能准确地叫几声。这时,教练员就会从口袋中掏出一粒糖塞到小狗嘴里,以示赞赏和鼓励,小狗也高兴地摇摇尾巴。下一次教练员再让它算时,也总能答对。

同样,另一个马戏表演——大狗熊骑自行车也是这样。每骑一段教练就往它嘴里塞两粒糖。有一次教练员的糖不够了,只往它嘴里塞了一粒。那只大狗熊马上从自行车上下来,一屁股坐在地板上不起来了,急得教练员毫无办法。上面的两个例子说明,动物,也包括人类自己,有一种天性就是会去做受到奖励的事情。而这正是我们所要论述的最重要的管理原则。

美国有一个叫米契尔·拉伯福的从车间里成长起来的管理专家。在长期的管理实践中,他一直为一种现象感到困惑。那就是许多企业不知出了什么毛病,无论领导者如何使出"浑身解数",企业的效率还是无法提高很多;下属还是无精打采:整个企业就像一台生锈的机器,运转起来特别费劲。他向管理大师们讨教,可还是一头雾水,不明所以。最后有人告诉他,最伟大的真理往往最简单,不妨从企业管理最基本的方面去考虑问题,你会发现答案的。就这样，米契尔·拉伯福回过头反复思索自己的管理实践，最后终于悟出了一条最简单、最明白，同时也是最伟大的管理原则。

拉伯福认为，当今许多企业之所以无效率、无生气，归根到底是由于它们的下属考核体系、奖罚制度出了问题。"对今天的企业而言，其成功的最大障碍，就是我们所要的行为和我们所奖励的行为之间有一大段距离。"

拉伯福说，他所辛辛苦苦发现得来的这条世界上最伟大的管理原则就是："人们会去做能得到奖励的事情。"

关于楚汉争霸中的故事，我们都已了解了很多，而其中有个因得不到领导激励而选择离开的故事，或许你没有听过。在此，我们就来看一下：

陈平曾是项羽的谋士，因得不到重用而投靠了刘邦。他毫不客气地给了项羽一个"差评"。他说："表面上，项羽非常关心士兵，有士兵生病，他会难过得掉眼泪。但是，要让他对将士们有所奖励，实在太难了。他手里拿着发给士兵的'印鉴'，印鉴的角都已经磨光了，他却迟迟不肯发给士兵。士兵得不到应该有的奖赏，就觉得他并不是真的对他们好，就连看见士兵流泪的事也是鳄鱼的眼泪。时间一长，士兵们看穿了项羽的英雄本色是虚伪，他们觉得跟着这样的将领难成大事，就纷纷离开了他。"最终，果然如士兵们预言的那样，项羽的确没有成就大事业，他最终败给刘邦，自刎于乌江。

看得出，项羽正是由于太过虚伪，不舍得用奖赏的方式来激励手下的士兵，最终导致众叛亲离，身边的人才和士兵纷纷弃他而去，这不能不说是他管理上的一大漏洞。在现今的职场中，如项羽一样的管理者并不少见，他们忽视下属的成绩，吝惜激励之词，下属因此受到打击，工作热情荡然无存。

刘真燕是个入职不久的员工，每天都神采奕奕的，好像身上有使不完的劲儿。

一天,她兴高采烈地回到公司,热情地对部门经理说:"经理,特大喜讯!我那个难缠的客户今天终于同意签约了,而且订单金额比我们预期的多30%,如果不出意外的话,这将是我们部门这个季度利润最高的一笔订单。"刘真燕满心兴奋地等着经理表扬她,但经理的反应却很冷淡:"我知道了。我问你,昨天开部门会议的时候,你怎么不在?"刘真燕说:"我那时候正在和客户谈订单的事情。"经理不悦地说道:"那你为什么不跟我请假?"刘真燕说:"我只顾着谈业务,把这事给忘了。"经理口气严厉地说:"你少拿订单说事! 别以为谈成一单生意就可以违反公司的规章制度,如果公司的业务员都像你这么没规矩,公司早就乱成一团了! 出去写份检查,下班之前交给我。"刘真燕有气无力地答道:"知道了,经理。"说完,她表情沮丧地离开了经理办公室。从那以后,刘真燕像变了一个人似的,上班的时候没精打采,业绩也一路下滑。

故事中的刘真燕向经理寻求激励时,不仅没听到任何激励之词,没获得肯定和认可的心理需求满足,反而因为没有请假之事而挨了一顿批评,这严重地挫伤了她的积极情绪。可以说,故事中的这位经理是很不靠谱的,长此以往,他的部门就可能真的一团糟。

★不要吝惜你的赞美

有一位资深职场人士曾经说过这样的一段话:"我对赞美有瘾。虽然我的条件既非富有吸引力,也不够成熟,更谈不上多产。但我依然渴望赞美。假如得不到赞美,我会一蹶不振;假如得到赞美,我会捧到灯光下细细考量,如果觉得'质量合格',就会感受到短暂的'赞美快感'。但之后,我还会想要得到——我需要更多的赞美。"

每个人都渴望赞美,赞美也被很多"职场达人"认为是最"物美价廉"的慷慨赠与。在当前的经济形势下,用更多的金钱来作为奖赏谁都负担不起,于是赞美就成为理所当然的最佳选择。

★非物质奖励也有效

20 世纪 30 年代,美国哈佛大学的心理病理学教授梅奥率领研究小组,在美国芝加哥郊外的霍桑电器工厂进行了长达 8 年的系列实验,也就是著名的"霍桑实验"。实验结果表明:"工作的物质环境和福利的好坏,与工人的生产效率并没有明显的因果关系,相反,职工的心理因素和社会因素对生产积极性的影响很大。换句话说,工人不是'经济人'存在,而是'社会人',要调动其积极性,还必须从社会、心理方面去努力。"

其实,下属并不总是在为金钱而工作。许多做领导的人士都会有这样的经验,当自己给下属一句简单的问候,一个真诚的笑脸,一个拍肩的动作,都会让下属心花怒放,更愿意服从管理。这正是我们所说的非物质激励的重要作用。

著名管理顾问尼尔森曾提出过这样的理论:"未来企业经营的重要趋势之一,是企业经营管理者不再像过去那样扮演权威角色,而是要设法以更有效的方法,激发员工士气,间接引爆员工潜力,创造企业最高效益。"激励的力量是很强大的,受到高度激励的下属会加倍努力地工作,以达到公司制定的目标,创造出色的业绩。

欣赏从尊重开始

一家晚报曾刊登过这样一则消息：一家生产型企业明确规定，凡是不尊重员工、同事者一律不予提拔。该企业在中层干部调整中，本来打算将当前的三名车间主任定为提拔对象，但是征求了员工意见后，公司做出了另外的决定。原来，员工们普遍反映他们在日常管理中，经常有态度蛮横、作风武断等不尊重员工的表现。因此，企业高层领导在听取员工的意见后，取消了对那三名车间主任的提拔。

不能不说，这家企业的管理颇具人性化，同时从另一个角度来看，该企业的"以人为本"的用人策略，恰恰反映了对于员工的尊重和欣赏。试想，一个不尊重下属的领导怎么能够懂得欣赏下属呢？

职场专家认为，作为团队带头人，要想赢得下属们的心，让管理工作能够顺利进行，最好的方法就是实行人性化管理。也就是说，领导和企业要有人性化的观念、人性化的表现，而最为简单和最为根本的就是尊重和欣赏下属。

身为领导，我们还要意识到，任何人都有被尊重的需要，下属当然也不例外。而且他们一旦受到尊重，往往会产生比金钱激励大得多的工作热情。日本松下创始人松下幸之助就经常对员工说："我做不到，但我知道你们能做到。"他要求管理者必须经常做"端菜"的工作，尊重员工，对员工心存感激之情。这是何等智慧的领导！

所以说,要想成为一名合格的将帅型人才,就必须尊重周围的人,尊重每一个同事和下属,就像尊重自己一样。管理者要树立"领导员工等于爱员工"的观念。受到尊重后,每个人都会将热情反馈给管理者和公司,而这个反馈对于管理者和公司来说,有巨大的作用。

作为日本企业界的权威人士,土光敏夫曾经为日本经济振兴作出了巨大贡献,尤其到了晚年时期,土光敏夫更是业绩斐然,而这一切都得益于他尊重员工的管理作风。

虽然68岁那年开始担任东芝公司的社长,但是他仍然不辞辛苦,遍访东芝各地工厂和营业所,和基层员工们进行沟通和交流。

一次,他到了川崎的东芝分厂,听到工厂的职工们纷纷感叹:"历任社长从未来过,如今土光社长您亲自莅临,我们的干劲大增。"他还将总部的办公室完全开放,欢迎员工们前来讨论问题。刚开始时,前去交流的员工们很少,但他不急不躁、耐心等待,半年之后。他的办公室就变得门庭若市。

土光敏夫提出:"管理者的责任是为员工提供一种良好的工作环境,让每个人发挥所长。如果员工认为自己在哪里最能发挥所长,可以自动申报;同时,公司某个部门需要某一类人才时,先行在公司内部员工中招募,以鼓励员工在公司内作充分流动。"这种尊重员工的管理方法收到了极好的效果,员工们干劲十足,公司的业务也呈上升趋势,成为了全球知名企业。

看完这个案例,让我们不得不对土光敏夫产生敬佩之情,一个大型企业的老板,居然能对下属如此尊重,员工不努力才怪,企业不发展也说不通!

说到底,人都是有感情需要的,下属是非常希望从领导那里得到尊重和关爱的,这种需要得到满足之后,他们就会以更大的热情和努力投入到工作之中。那么,要想成为一名合格的将帅型人才,该如何做,才能实现人性化管理,让员工感到尊重呢?一般来说,可以从以下几方面去做:

★尊重下属的工作

尊重下属,不仅要尊重他这个人,也要尊重他的工作。每个员工的工作都是公司发展不可缺少的一个环节,即便他的工作只是端茶倒水,擦桌子扫地,管理者也要给予足够的尊重,不可轻视。

★给下属足够的空间

给予下属足够的空间,也是对他们的一种尊重。工作中,管理者要做的不是时刻将目光锁定在下属身上,而是指导和帮助他们学会时间管理,让他们利用好自己的时间,做好自己职责范围内的工作规划和计划。这样,下属的工作就会更有效率,更有成绩。

★保护下属的自尊心

通用电气公司曾在一次关于罢免计算机部门经理助理的问题上,陷入了两难的境地。

原来,这位经理助理是电气方面的行家,但是,他非常不胜任经理助理这个职位。如果公司下令解除他的职务,对公司来说,不但是个不小的损失,而且还会在公司内部引起各种难以想象的舆论。

最终,公司高层经过商榷决定,以表彰这位经理助理在电气方面的卓越贡献为名,为他新添了电气顾问工程师的头衔。这位助理在高兴之余,主动提出不担当经理助理一职。这样一来,公司的难题得到了圆满的解决。

可见,保护员工的自尊心是非常重要的,是尊重员工的一种表现。作为将帅,处事要冷静,不要无情地剥掉下属的面子,以免伤害其自尊心,激发其逆反心理。

★尽量不辞退下属

尽量不辞退下属,有利于培养他们的归属感。他们会觉得,领导非常尊重自己,不会随意舍弃自己。惠普公司在这方面就做得很好,他们的员工一经聘任,就很少被辞退。

在第二次世界大战中，美国著名的惠普公司要签订一项利润非常可观的军事订货合同。然而，最终却放弃了这份合同。为什么呢？

原来，公司管理者认为，如果接受这项合同，公司的人手还差很多，就需要再雇用十几名员工。此时，惠普公司创始人休利特问公司的人事部长："这项合同完成以后，新雇用的这些人能安排别的合适的工作吗？"

人事部长这样回答道："已经没有什么可安排的合适工作了，只能辞退他们。"休利特想了想，说道："既然这样，我们就不要签这份订货合同了！"

★尊重辞职、离职的下属

现代社会，按说离职、辞职是职场上的常事，没什么大不了的。一个真正有风度的领导，在遇到部门员工辞职的情况时，也要对他们继续保持尊重和关心。这样，不仅可以体现管理者的亲和力，而且能对在职的下属产生示范效应：一个管理者对辞职和离职的下属都这么关心，现有下属就会坚信自己也可以得到足够的尊重，工作积极性也会因此提高不少。

作为将帅，有没有影响力，能不能管好下属，做好工作，在很大程度上不是看他手中的权力有多大，他的能力有多出色，而是看他能否给下属应有的尊重。如果一个领导不拿下属当回事儿，那么，他就很难胜任自己的工作。相反，尊重下属，以人为本的将帅型人才，会激发下属的一腔热情，可以更好地投入工作中。

带着真诚去赞美

如果你问一百个人,他是喜欢真诚还是喜欢虚假,那么就会有一百人回答喜欢真诚。如果将真诚比喻成喜鹊,人见人爱,那么,虚伪就是乌鸦,人见人烦。只有真诚的东西,才会被我们欣然接受,即便是人人爱听的赞美之言也不例外。

作为上司,只有真诚地赞美自己的下属,才能唤起下属的信任感和归属感,让其身心愉悦地接受表扬,并在工作中更加积极地发挥自己的才华。反之,如果来自领导表扬毫无诚意,只是为了某种目的而说的,做员工的就会对其充耳不闻、不以为然,而且会觉得领导很虚伪、功利。

王一帆在一个器械公司担任后勤部主任一职。最近,由于公司人员调动,有好几个经理的职位暂时处于空缺状态。公司高层领导决定通过员工投票的方式,在公司内部选拔经理。闻听这一风声,王一帆有点坐不住了,他以往和下属的关系不冷不热,这回想赢得民心看来不是那么容易。王一帆日思夜想,终于想出来一个主意,他决定用和下属套近乎的方式,来为自己拉拉选票。

可是具体怎么做,王一帆尚不清楚,于是他就开始运用万能的"网络搜索"。在网上,王一帆看到一个说法:"要建立好的人际关系,首先要学会赞美别人。"于是,他照葫芦画瓢,每天都去赞美下属,但是并没有收到什么好的效果,下属反而对他的态度更加冷淡了。王一帆非常生气:"现在的员工太不知好歹了，我堂堂一个后勤部主任屈尊去赞美他们，他们居然还摆架子，我真是热脸贴冷屁股。"真的是下属不知好歹吗？其实不然，是王一帆的赞美太不真诚。

一天早上，下属庞丝莉刚进办公室，王一帆的脸上就堆满笑容，说道："哎呀，庞丝莉，你这裙子真不错，是今年的新款啊，我昨天刚在一本杂志上看见，好多电影明星都穿呢，你穿上之后，也很有明星气质。"谁知听了他的话，庞丝莉毫无欣喜之情，她淡淡地说了一句："是吗，王主任，你看的是两年前的杂志吧。"

原来，庞丝莉的裙子是两年前买的，根本不是流行款式。王一帆从来不看时尚杂志，他是为了讨好庞丝莉，才编出一套赞美之词，没想到庞丝莉丝毫没给自己面子，而是揭穿了自己，只好悻悻地走进自己的办公室。

很显然，这位后勤部王主任毫无诚意的赞美，换来的结果是"偷鸡不成蚀把米"，不但没有拉近自己和下属的关系，反而招致下属的厌恶。

身为上司，一定要懂得，对于下属自身存在的优点和取得的成绩，应该发自内心地感到高兴，并满怀真诚地说出赞美之词。这种充满诚意的赞扬，会让下属受到感染，可以激发他们更大的工作热情与干劲。

美国著名作家鲍勃·纳尔逊说过："在恰当的时间，从恰当的人口中道出一声真诚的谢意，对员工而言，比加薪、正式奖励或众多的资格证书及勋章更有意义。这样的奖赏之所以有力，部分是因为经理人在第一时间注意到相关员工取得了成就，并及时地亲自表示嘉奖。"

★不说套话

下属希望得到领导的赞美，而且是能真正表明他们价值的赞美。如果管理者只是对下属讲些"才华横溢"、"前途光明"、"很有发展"之类的套话，就很难达到赞美的预期效果。所以，管理者要对下属进行有针对性的赞美，比如："你的沟通能力很不错"、"你很有销售的天赋"等。要做到这一点,管理者就要加强与下属间的沟通,多关注他们的工作情况。

★赞美要单纯

要想有效地使用真诚的赞美,将帅们还就要注意这种赞美必须不着痕迹,千万不要一语多关,在赞美中包含一些暗示性字眼。

某领导经常要求一个下属帮他做工作总结,但下属总是不能按要求完成。有一天,领导发现下属将总结写得非常好,于是,对他说:"我很高兴看到你把总结写得这么棒,真是太阳从西边出来了。"

这个领导的赞美就如同给了下属一个甜枣,马上又给一个嘴巴一样,下属根本没有接收到领导发出来的赞美,只收到了嘲讽。因此,真诚的赞美必须是单纯的,不要暗含其他意思。

★多在背后说好话

在背后说下属的好话,能展现将帅的真诚和胸怀。

《红楼梦》中有这样一段描写:史湘云、薛宝钗劝贾宝玉好好读书,将来可以有个好仕途,贾宝玉非常生气,对着史湘云和袭人赞美林黛玉:"林姑娘从来没有说过这些混账话!要是她说这些混账话,我早和她生分了。"恰巧,黛玉经过窗前,听见贾宝玉正在说自己的好话,"不觉又惊又喜,又悲又叹",这件事之后,两个人的感情大增。

在林黛玉看来,宝玉在湘云、宝钗和她三人中只赞美自己,而且不知道她会听到这段话,这种赞美是非常难得的。试想,如果宝玉当着黛玉的面说同样的话,生性敏感多疑的林黛玉就可能认为宝玉别有用心。

★赞美要具体,切忌太笼统

有的领导也会赞美下属,但总是收不到好的效果,原因就是他们总是用笼统的话语赞美同事。比如:"你真聪明!""你的工作能力真强!"这样的夸赞会让下属觉得他们非常不真诚,只是随口说说而已。

作为上司,应该这样说赞美的话,比如,下属剪了个新发型,你可以这样赞美："这个发型很适合你，显得你很有精气神。"再如，下属完成了一个不错的方案，你可以这样夸赞："这个方案很有独到之处，值得我们部门的所有策划人员学习。"

真诚是赞美的基石，有了它，赞美的力量也会如虎添翼，更加强大。有人曾这样比喻真诚赞美的能量之大："其实，人生就像一株睡莲，很多人一辈子就这样沉睡着，根本开不了花；人生又像孔雀开屏一样，很多人一辈子也开不了屏。如果这时给他们一句赞美，或许会促成他们开花开屏。"

不要简单粗暴地指责下属

每一个下属，都难免会犯错。作为领导，是厉声指责好呢，还是温和相告好呢？毋庸置疑，没有人喜欢做事没有选择余地，更不喜欢接受来自他人的强硬的命令。所以，即使是面对员工犯错，领导也要尽可能保持风度。这样不但会让下属更诚恳地承认错误，而且会体现出管理者的修养和智慧。

不可否认，任何一个企业里，领导和下属之间都难免会产生磕碰、摩擦和误会。作为下属当面不能和领导起冲突，一直闷在心里就会有心事，就会产生一种想找人谈谈的"倾诉欲望"。

此时，如果"倾诉欲望"无法获得满足的话，那么就很容易转化为一种不满情绪。如果不及时释放不满情绪，就会升级为强烈的不满，最终可能会引起一些事端。

　　其实,下属会对领导甚至企业产生一些不满情绪是很正常的。一方面是因为领导是管理者,面对的是众多的下属、客户,特别是老板,更要面对非常复杂的社会和上级机关的众多部门,接触联系广泛,工作千头万绪,容易浮动骄躁,工作中出现偏差在所难免;另一方面是因为员工工作任务繁重,信息输入量相对单一,大多只和自己的业务方面接触较多,思考问题常从自己的角度出发,也难免出现偏颇。

　　但是,好的领导和好的老板应善于发现下属的不满。比如,当有下属表情严肃不爱理人时,当有下属工作消极背后嘀咕时,当有下属越过你向上级反映问题时,当有下属直接找你理论时。些时,你应该善于自我反省,发现自己的不足。

　　好的领导和好的老板应善于及时与员工沟通,化解下属的不良情绪。沟通时的态度应是诚恳的,并从中找出他不满的原因或者能帮助员工分析之所以产生不满情绪的原因。如确实是自己的问题,那么就要放得下架子,主动作自我批评,并诚恳地分析自己失误的主客观原因,求得员工谅解。如果是下属自身认识上的问题,那么领导就要客观公正地加以分析和解释,千万不要简单粗暴地批评责怪讽刺挖苦员工。如员工一时还不能体会你的用意,也切忌骄躁,多从员工的角度去思考问题。

　　很多年前,美国美孚石油公司的一位高级主管做出了一个错误决策,一下子使该公司损失超过 200 万美元。当时这家公司的老总正是大名鼎鼎的洛克菲勒。造成损失之后,这项工作的主管人员唯恐洛克菲勒先生将怒气发泄到自己头上,都设法避开他。

　　一天下午,公司合伙人爱德华·贝德福德来到洛克菲勒的办公室,他发现洛克菲勒正伏在桌子上在一张纸上写着什么。

　　"哦,是你?贝德福德先生。"洛克菲勒语调温和地说,"我想你已经知道我们的损失了。我考虑了很多,但在叫那个人来讨论这件事之前,我做了一些笔记。"

原来,那张纸上罗列着某先生一长串的优点,其中提到他曾三次帮助公司做出正确的决定,为公司赢得的利润比这次的损失要多得多。

之后,贝德福德感慨道:"我永远忘不了洛克菲勒面处理这件事情的态度。以后这些年,每当我克制不住自己,想要对别人发脾气的时候,我就告诉自己先坐下来,拿出纸和笔,写下他的优点和好处,想出多少就写多少。每次当我写完这个清单的时候,我的火气就立刻消失了,这时候我也就能理智地看待问题了。后来,这种做法成了我工作中的一个习惯,它的确帮我克制了很多次怒火,我想如果我不顾后果地去发火,那会使我付出惨重代价。"

由此看来,当工作中发现别人有什么疏漏时,尽量要用温和的态度进行对待。这不仅是一种风范之举,更是避免和对方产生不快,从而对工作形成不利影响的良好策略。

卡耐基曾说:"100次中有99次,没有人会责怪自己任何事,不论他错得多么离谱。"的确,很多时候,我们总会为自己的失误找到理由,而对别人的过错进行责备。可实际上,我们用批评和指责的方式,并不能使别人产生永久的改变,反而会引起愤恨。一个人之所以那样做,一定有他的原因。你了解了背后的原因,也就不会对结果感到吃惊了。正如亚里士多德所说:"全然的了解,就是全然的宽恕。"不要责怪别人,要试着了解他们,试着明白他们为什么会那么做,这比批评更有益处,也有意义得多。

一个真正有涵养的人,绝对不会像歇斯底里的疯子一般随意发泄情绪,他会冷静地应对棘手难题,会给自己一个底线。一个人若是把自以为是、狂傲自大作为常态,那么这个人便只能面临无穷尽的失败。

总之,好的领导和好的老板应该经常和下属沟通,了解下属的需求,化解下属的不满,这样才能建立良好的公司氛围。

★带着亲和的语气和下属交流

沟通是上下级之间的一种交流，包括情感、思想和观念的交流。领导与下属沟通的目的不在于说服对方，而在于寻找双方都能够接受的交流方式。因此，沟通语气很重要。

在沟通过程中，领导一定要避免用命令式的语气，也尽量避免"我"这个代名词。为将帅者可以经常用"我们"开头，让下属觉得亲切。

★适当把自己放低，别让下属"仰着脸"看你

有的管理者喜欢摆架子，在与下属沟通时，喜欢将自己的位置摆得高高的，给下属创造一种高高在上的感觉。其实，这对于良好沟通的进展十分不利。不难想象，领导和下属之间本身就存在职位上的不平等，如果领导还有意无意地放大这种不平等，导致下属在自己面前唯唯诺诺，有话也不敢说，势必影响沟通的效果。

★指出下属的问题时一定要态度真诚

当下属犯了什么错误，你需要指出来时，不要抱着"我是将领你是兵"的心态。因为那样会无形中给下属一定的压力，而且也容易引起下属的不满，甚至反感。正确的做法是：带着满腔的诚意，真诚地和下属交流，只有这样才能实现有效沟通。

由此看来，作为领导，当发现下属有什么疏漏时，尽量要用温和的态度指出。这不仅是一个领导的有风范之举，更是避免下属产生不快，从而给工作造成不利影响的良好策略。

第九章

营造温暖如春的工作氛围
——学会用欣赏的眼光看同事

　　因为工作,我们和同事相遇;因为缘分,我们和同事每天共同进出同一个地方。但同时,也因为竞争和较量,让我们很难用欣赏的眼光看待同事。可是,我们也不要忘了,我们和同事是一个战壕里的"阶级弟兄",只有大家互相欣赏,共同协作,才能打赢一场又一场漂亮的职场之战。这不仅对于个人,而且对于团队,对于整个企业都是大有裨益的。

送出你的赞美,为别人戴上"桂冠"

在本节内容开篇之际,我们先来看一则小故事:

有一名送信的邮递员,在送信途中,不小心被一块石头给绊倒。刚要想抱怨,却突然发现这块石头不同于其他石头,形状怪异难得。于是他突发奇想,想要用很多这样的石头建成一座城堡,好奇心大涨的他马上开始收集类似的石头,直到石头装满了他的口袋为止。以后每次送信经过此处,他总是会捡一些奇异的石头。

日复一日,他捡的石头已经在自己家门口堆成了小山。于是,他专门腾出晚上的时间来堆砌城堡。随着城堡的初具规模,有过路的行人纷纷对他的"杰作"表示赞美。有的人说:"太神奇了,这简直是上帝的杰作。"也有的人感叹:"这座城堡将安徒生笔下的童话世界给搬到了现实中来。"

在大家的如潮好评下,他不负众望地在山上建起了一座又一座的美丽的城堡。有一天这些神秘的城堡突然被登上了报纸头条,许多人慕名而来,其中还有著名的画家毕加索,他很惊讶青年人能够有如此的技艺。为了表示自己对这些艺术品的肯定和支持,他做出了慷慨的投资将这里逐步打造成著名的旅游区。

青年人之所以能够取得成功,并不是因为他本身所具有的手艺,对于他来说,那些赞美和肯定才是他建成城堡的巨大动力。难怪有人曾对赞美和赏识给出过这样的评价:赞美、赏识就像风对于帆,雨露对于种子。扬帆起航,有风助一臂之力,必定能冲风破浪,一往无前。劲雨虽短,久逢甘霖亦可让奄奄一息的种子死而复生。用我们当下的话说,赞美就是这么"给力"。

有这样一句谚语:"唯有赞美别人的人,才是真正值得赞美的人。"喝酒不可贪杯,赞美再多却也无妨。给别人戴上一顶荣誉桂冠的同时,你也将获得至高无上的殊荣。

卡内基钢铁公司董事长查尔斯曾说过这样一句话:"我很幸运能拥有一种唤起人们热情和信心的能力,那就是全心全意地赞美别人。"

赞美和肯定的话不是"冠冕堂皇"的假意奉承,也不是"无事献殷勤"一般的讨好,听懂的人自然会如沐春风,看你更不同于别人,自会更加信任、亲近于你,工作上即使不会成为你的"志同道合"之友,但肯定也会让你多一个合作伙伴。从某种意义上来讲,将荣誉的桂冠戴在别人的头上,是你打通人际关系的唯一免费处方。正如这样一句话:你好,我好,大家好。独乐乐不如众乐乐,何不慷慨送出对别人的赞美,也为自己赢得良好的口碑呢?

所以,要想达到收获良好同事关系的效果,我们还需要注意赞美要真诚。赞美不是说客套话,需要用发自内心、带有感情的话语去夸赞同事。这种自然流露的赞美之词不会让同事感到说话者是在奉承自己,会显得很真实,同事更易接受。

总而言之,赞美能够激发我们和同事间沟通的欲望,有效地拉近我们和同事之间的心理距离。赞美同事则可以提升室内的"温度",增强每个人的职场幸福感,会让大家感觉心中暖洋洋,不将办公室当成"角斗场"。

为他人喝彩，为自己赢得尊重

当自己努力达到一个目标时，我们需要为自己鼓掌，庆贺自己的成功，这是肯定自己的表现。

同样的，当我们周围的同事取得成绩的时候，特别是自己和对方处于激烈的竞争状态时，我们更需要学会真诚地为他鼓掌，为他喝彩。

能做到这一点，说明我们能够正确看待对方的成绩，能够客观地肯定和接受对方的成功，为他人的成功而感到高兴。但是，很多职场人士比较"小心眼"，为自己喝彩容易，为别人喝彩就不容易了。在我们的生活里，在我们的周围，的确存在着这种现象。

冯建欣在某单位中层工作十多年了，她工作态度认真，能力也不错，但是人缘却不怎么好，单位里的女性经常"孤立"她。按照能力、资历，冯建欣都有可能被提拔为女干部，但她却被"下放"了，这是怎么回事呢？

在平时的工作中，冯建欣取得一些成绩，获得了荣誉时，她总是笑呵呵的。但是，一旦其他同事得到了一些肯定，有了一些进步，她就会惴惴不安，鸡蛋里挑骨头，甚至不屑一顾，冷嘲热讽："她哪点好啊，幸运罢了"，"哼，有什么了不起呀"……渐渐地，大家都不愿意与冯建欣相处了。

这次单位有一个提拔女干部的指标，几名符合条件的女同事都想争这个名额，包括冯建欣。经过激烈的角逐，一位同事取得了成功，失败的冯建欣不仅没有祝贺这位同事，还上报对方平时工作中的种种失误，大做文章,毫不留情面。

经过调查研究,冯建欣所言无凭无据,属于诬告。平时被冯建欣冷嘲热讽的同事们早就看不惯她的所作所为了,于是联合起来请求领导给冯建欣换离岗位。尽管领导很认可冯建欣平时的工作,但不得不忍痛割爱,将她"下放"到了基层。

不认可别人的成绩,不为他人的成功喝彩,这是一种不健康的心态。如果任其发展下去,鸡蛋里挑骨头,抓住别人的弱点大做文章,毫不留情面,这一方面是对别人的不公和不尊重,同时也会引发人际矛盾,把自己和他人截然地对立起来,结果你就会变成无人喜欢的孤家寡人,得不偿失。

此时,我们不妨问一下自己:当面对别人的成功时,我是一种怎样的心情呢?是喜悦、平淡,还是嫉妒、憎恶?每个人都有自己的选择,但聪明的人懂得真诚坦率地为别人喝彩!

人的天性中,都有一种希望别人认同与肯定的渴望。如果我们能做到真心诚意地为别人喝彩,分享别人成功的快乐,那么这种对别人尊重,理解与认同,鼓励与肯定,能够促进彼此之间更好、更快地良性互动。

当我们真心诚意地为别人喝彩,可以体现和展示我们的高尚的人格修养,宽大博大的胸怀,当我们对别人捧出了真诚的赞美和鼓励,别人对我们的印象自然会提高,还你友情和坦诚。

所以,请放下你的一切顾虑,为他人的成功喝彩吧!这并不是一件让别人独得好处的事情,也不会令你这个"失败者"没有面子,与别人分享成功是快乐的,而且这也是在为你自己赢得他人的更多的欣赏哦!

★要有真实的情感

"真情流露"这个词我们都不陌生,并且也都希望获得别人赋予的这种情感。其实我们在为同事鼓掌和喝彩的时候,对方同样需要我们有真情实感。因为这种情感的流露是发自内心,而绝非客套的敷衍。一旦有了"真诚"这个基础，那么我们赞美起同事来就会显得自然和真诚，不会给人虚假和牵强的感觉。

★用词要得当

俗话说"千人千面"，在纷繁复杂的职场环境里就更是如此。这就是说，我们在赞美同事的时候要根据不同人的性格来使用赞美语言。比如，对待那些城府深的同事，赞美要点到即止；对待那些性格活泼外向的同事就不要吝啬赞美的词汇，多夸奖对方会让他很开心。同时，我们注意观察对方的状态是很重要的一个过程，如果正好赶上同事情绪特别低落，或者有其他不顺心的事情，那么我们就不要过分地给予赞美，否则只会让对方觉得不真实。

一位著名企业家这样说过：促使人们自身能力发展到极限的最好办法，就是赞赏和鼓励。

因此说来，如果我们和同事建立良好的关系，就需要多去发现别人的优点、成绩，而不能只顾自己的功劳。

当然，我们对同事的赞美也不是毫无原则的，它应该是发自内心的真诚的表现，而不是曲意逢迎。总之，真诚而又有技巧地赞美同事，不仅会让同事增加对我们的好感，而且也会给我们自己的工作带来便利，使彼此的心情变得愉悦、轻松，合作起来也格外容易。

不露锋芒，用你的谦卑衬托别人的优秀

　　道家学派创始人老子说："水善利万物而不争，处众人之所恶，故几于道。"一语道出了水的谦卑和谦卑的至高境界。然而，职场中有很多人都认为，要想坐稳自己的位置，并且步步高升，就一定要在工作中尽可能多地突出自己的能力。因此，他们会在工作中时时处处争强好胜，而且抱着一股不把别人比下去不算完的劲头。但是他们没有想到，这种自我表现的过犹不及，处处锋芒毕露的做法只能引起同事的反感，同时也给自己增加了很大的压力。

　　如果是偶尔卖弄一点自己的知识，炫耀一点自己的才能，露一点"峥嵘"，也是可以理解的。但如果一个人总是刻意地逞能，那就很可能走向事物的反面了。

　　于甜甜毕业于一所重点大学的经贸信息专业，不但能说一口流利的外语，人也长得身材苗条，容貌俊俏。每每在跟外商谈判中，于甜甜都能应付自如，同事们都对她赞许有加，也羡慕不已。

　　相比之下，她的顶头上司——部门经理顾然比她逊色多了。顾然年届40岁，体态有些臃肿，也没有于甜甜的美貌和青春，中专学历的她自然也谈不上什么外语水平，但由于早年进入该公司工作，勤勤恳恳，管理水平也比较高，所以受到公司老板的信任，担任部门经理。

　　在于甜甜刚进公司的时候，顾然经理对她很亲切，但在一次跟外商谈业务的宴会上，于甜甜出尽了风头，得意地用英语跟外商海阔天空地交谈，并频频举杯，充分显示出自己的高贵与美丽。事后，于甜甜试图通过自己那天的表现来向领导邀功，她主动找到经理说："我作为一名重点大学毕业的高才生，英语水平在公司来讲也算是很高的，想必那天和外商交谈的情景您也看到了。因此我想，公司是不是该考虑提升一下我的职位，或者给我加薪?"然而，实际情况却是，这件事过去不久，于甜甜就被调到了另外一个不太重要的部门。

俗话说得好，"君子藏器于身，待时而动"。虽说我们的聪明才智需要获得领导的赏识，但如果无所顾忌地一味地在领导或者同事面前显摆自己，就不免有做作之嫌了。那样，就势必引起别人的反感，自己的人际关系也就好不到哪里去了。或许很多人觉得显现出那股指点江山、意气风发的劲头，是一种潇洒的表现。殊不知，那在学生时代或许会突出自己的个性，也被多数人认同，但是在职场这个大舞台上，由于自己的身份和所处的环境等都已经发生改变，如果还像当初在校园时，过于张扬，就会树大招风。

因此，身为职场人士，我们一定要懂得谦卑，尽量让别人感到他比你优越，即使我们要取悦他们，令他们印象深刻，也千万不要太过于展现自己的才华，否则可能会适得其反，激起别人的畏惧和不安。

而只有谦卑，才是为人处世的至高智慧，也是一种"无为而治"的胜利妙法。一个成熟的人，应该懂得适时低头，心里要明白何时该进，何时该退。

我们必须明白，没有谁会对一个狂妄自大的人欣赏有加。不管是谁，如果他总是抱着老子天下第一的态度，是不会讨人喜欢的，这样的人自然容易失去一些机会。特别是那些刚入职场的朋友，如果总觉得自己的学校如何如何牛，自己的专业和实践经验如何了不起，那么都不会受到周围同事和领导的欢迎，从而被大家疏远。

当然,我们所说的谦卑,并不是让大家卑躬屈膝,事实上谦卑是需要足够的能力来支撑的。如果我们能够在某一领域精通和忠实于自己的专业,并将其运用到具体的工作中,久而久之,自然会让别人看到我们的才华和能力。那时候,我们的展现是不是更有分量呢?

★不张扬自己的成绩

如果一个人足够聪明,是不会在同事们面前张扬自己的成绩的。因为工作中,同事都是利益相关者,如果你表现得过于锋芒毕露,同事开始可能会很羡慕你的才华,又因为同事都是相互的竞争对手,你表现得太强太好,领导自然会把目光转向你。虽然这对你本身发展而言是种机会,但对你的人际关系而言却是大为不利的。同事会因羡生妒进而转为厌恶,他们会逐渐疏远你,如果你不幸被某个小圈子"潜规则"了,别说升职,不把你排挤出局就算是你的幸运了。

★别把小事不放在眼里

小事中也可能蕴藏"金矿",需要孜孜不倦地发掘。曾经有一个初入世界 500 强企业人力资源部的新人,从整理档案的最基本工作做起,他却把单位里的每个员工的情况都熟记于心。五六年后,他成了这家企业的人力资源总监。

由此可以说,职场真的无小事。

所以,要想让自己成为一个得到他人喜欢的人,我们就必须懂得谦卑。这样才不会为自己树敌,而且同事还会从中感受到其自身的优秀之处,这对我们建立良好的职场人际关系是十分重要的。

太拿自己当回事注注是愚蠢的

　　美国营销大师阿尔·里斯说:"很少人能单凭一己之力，迅速名利双收。真正成功的骑士,通常都是因为他骑的是最好的马,才能成为常胜将军。"

　　法国寓言大师拉封丹也曾讲过这样一则有趣的寓言:

　　人的身体的四肢觉得自己的工作做得非常委屈，它们认为整日劳累为胃工作实在是很愚蠢,因为胃似乎什么也没付出就能享受到食物,显得很不公平,于是他们决定罢工,打算过自己的悠闲日子去。

　　别的器官看到四肢这样做,也纷纷效仿什么都不去做,他们都认为没有了他们的劳动,胃就只能去喝西北风了,只有这样才能让胃明白他们的价值所在,它才会知道是他们一直在供养着它。

　　就这样,身体所有的器官都罢工了,不再为胃付出任何劳作。手也不动,腿也不挪,大家决定让胃自己去找食物。胃无论如何也不可能自己找到食物的,所以罢工持续了不到几个小时,大家就开始后悔了。因为胃没有进食,也就没有了能量的供给,四肢很快就变得软弱无力,其他器官也因为没有了能量的支撑,感到非常难受,人的整个身体都变得非常虚弱。

　　这时四肢才渐渐明白,原来他们以为不做事只白吃的胃,为大家所作出的贡献一点也不亚于自己。

　　从这个幽默的故事中,我们知晓了一个道理:在一个公司里,每个人都有不同的职责分工，就像寓言中的胃和四肢，各自担负不同的任务，只有大家一起团结合作，才能维持整个公司的正常运转，从而身在公司中的每个个体才能从中受惠。那些只关注自己价值、利益得失，不体谅他人作出的贡献的人，最终会尝到自私带来的苦果，个人自私的举动，不但损害了他人利益，也使自己和集体的利益受损。

所以，团结协作的团队精神，是所有企业自始至终都在强调的问题，也是对每一位员工最基本的要求。作为企业的一员，就要时刻记得自己的职责所在，记得自己只是整个团队中的一员，只有团队的利益得到了保障，大家共同劳作付出，个人价值才得以展现，利益也才能得到保障。

团结合作的力量是非常巨大的，它对一个企业的发展也至关重要，尤其是分工日益细化，竞争日趋激烈的当今，仅凭个人的力量根本难以推动整个企业的发展，也无法面对千头万绪的工作。

"团结就是力量"这句话我们再熟悉不过，也是再浅显不过的道理。人尽皆知一加一等于二，可在职场上，一加一可就不仅仅等于二，也许得到的就是"二人同心，其力断金"的巨大力量。所以在职场上，一定要学会与人合作，去发现他人长处，扬长避短，而不要只把目光停留在自己身上，过分在意自己的得失。

国际商业机器公司 IBM 总裁小托马斯·沃森曾说："在 IBM，一个重要的哲学就是尊重每个人。这是个很简单的概念，但是 IBM 的经理们却花了很多时间去实践它。"

小托马斯的父亲，也就是 IBM 的创始人老托马斯，在看到企业内部出现一些老员工欺压新员工，导致双方结下仇怨等不良风气时，非常担忧，为了避免这种不团结现象给企业造成损失，托马斯就提出了"每个人都需要尊重"的企业理念，并专门制订了工作礼节自我检查手册，让 IBM 的所有员工人手一本，随时检查反思自己是否遵守了礼节，他还在各个基层设立礼节委员。

在 IBM 的办公室，你找不到任何头衔字样的牌子挂在门上或是放于桌上。洗手间、停车场、餐厅等，也没有为经理主管之类的人设置专人专用的特殊区域。托马斯要在 IBM 营造一个民主的环境，让每个员工都能感受到自己和他人的重要性，做到互相尊重，如此企业才能健康地发展壮大。

事实也证明托马斯的努力是正确的，IBM 在这样一种和谐的氛围影响下，最终发展成为世界数一数二的强大企业。其实我们发展自己的事业，开展自己的工作，也跟一个企业的发展一样，离不开这种和谐与团结的精神支持。

道理很简单，在与同事相处时，如果你的眼里只有自己，一味执著于自己的意愿和利益，不懂得为他人考虑，不去理会他人的意愿和要求，那么你所得到的结果也许就会是"众叛亲离"，不得人心。相反，如果你懂得尊重别人，那么你也会得到别人的尊重。只有大家互相尊重，团结合作，一起努力，才能使整个工作系统运转起来，保证工作的顺利进行。

★只有共赢才是真赢

现如今，无论是市场竞争还是职场中的竞争，合作共赢已成为所有人的共识，也成为竞争主体的主流关系。而单枪匹马，相互残杀，两败俱伤的竞争模式已被时代所不容，靠踩压别人来突出自己的恶性竞争更是愚蠢的表现。只有抱着共赢的心态，才能获取自身期望的利益。一个不会团结他人，喜欢做"独行侠"的人，就算再聪明，终会有一天被困难所击败，拥有大智慧的人总是会集合同事、领导的力量，然后借助他们的力量走向成功。

★有病不怕治，有错不怕改

当别人给我们当头一棒的时候，我们往往也想在第一时间将自己的榔头敲回去，似乎只有这样才能够保住自己的"面子"，让自己不至于丢脸。但是，事实上，越是这么想的人，往往越会错得离谱，如果一直任由错误的病菌累积到可以让自己"腐烂"的时候,那么你很有可能连改正的余地都丧失了。

在工作以外,你孤高自赏也好,特立独行也罢,想怎么着是你的事,但是在需要团结合作、互相尊重的职场上,你就不能太把自己当回事。

利人才能利己,拆台只能下台

我们常发现职场上,有些人总是常把话说死,毫无回旋余地,置他人于万般尴尬的境地,或者做事不留情面,结果一步步把自己逼进死胡同;也有的争强好胜,生怕别人过得比自己好,非要拼个你死我活……

这些"损人不利己"的事,总有那么一些人在乐此不疲地干,为什么呢?因为他们不懂得为别人喝彩。

我们又为何总是不愿意退一步,给他人捧一个场呢?因为,我们总在内心不断地告诫自己:别人上台,就意味着自己下台,就意味着要牺牲掉自己的部分利益。

这完全是一种"自以为是"的想法。实际上,你若"拆台",不仅拆了别人的台,也令自己掉下了台。反之,只有捧场才能有机会让自己继续登场。

鲍勃是个朴实的农民,花了几年时间攒了一笔钱,一个人千里迢迢进了城,在一条老街上租了个店面,开了家杂货铺。从此,踏踏实实做起了小生意。

然而,开张没几天,鲍勃就发现:整条街上的商铺都生意惨淡,并且店前的街道坑坑洼洼，破旧不堪，到处都是杂乱的碎瓦石，行人总是怨声载道。对此，鲍勃实在有些大惑不解。

于是，他向隔壁商铺的店家请教道："大家为什么不把这条破路整修一下呢？"

店家不以为意地说："路难走，经过的人和车辆就会放慢速度。如此一来，他们来店里买东西的几率才会大一些。这是商机！"

听到这个解释后，鲍勃很是惊讶：这是哪门子道理呀。没人动手？那，自己干！

鲍勃不听邻居们的劝阻，风风火火地干了起来：他雇了一些伙计，和他一起修整路面，并搬走了那些破石碎瓦。经过鲍勃的努力，整条街道变得焕然一新。

至此，这条老街的人流突然多了起来，重现出一派生机勃勃的景象。邻居嘴里的商机不但没有变少，反而与日俱增。众人诧异地问鲍勃："我们不明白，街道畅通了，人们驻足的机会减少了，为何生意反倒更好了呢？"

鲍勃笑着说："路难走，客人都绕道而行了，那还有谁来我们这条街呢？与人方便自己才方便。"

小商贩鲍勃并不懂得什么商道什么商机，但是他自有一套为人处世的道理：利人才能利己，拆台只能面临下台。

生活中，总有一些目光短浅的人，但是他自有一套为人处世的道理：利人才能利己，拆台只能面临下台。

其实，这也是断了自己上台的梯子。人生不过是一场戏：你方唱罢我登场。所以，做人不要互相拆台，否则只能一起下台。

为人处世时，我们欠缺的，正是这种灵活的思维方式，我们往往不能领悟"赠人玫瑰，手有余香"的深层意义，常常不愿意放开心胸利益他人，总是不甘心与人方便。

事实上,职场的圈子是一个"共荣圈"。在这个圈子里,所有的人都各司其职,但是又紧密相连。所以,我们不要妄自尊大,一个人单枪匹马永远不能在这个圈子里生存长久。要知道,每个人都是其他人赖以生存的阳光。如果彼此之间缺少交流与合作,那么整个圈子就是一盘散沙,一盘散沙会有什么大作为呢?人活在世上,不是来唱独角戏的,只有互相补台,才能好戏连台。

★帮助新同事

多与新同事交流,从他们身上挖掘成为团队成员所必需的东西。再者,你还可以发挥一下"主人翁"的精神,帮助他们了解团队中的其他成员。

★努力工作,主动帮助其他成员

尽管我们每个人都有自己分内的工作,但是这并不代表我们只要做好自己的事就行了。当我们进入一个团队的时候,就要摒弃"各人自扫门前雪,莫管他人瓦上霜"的思想。偶尔抽出一些时间,帮助那些工作繁忙或者需要帮助的同事,这绝对不是浪费时间,你积极主动的态度,绝对不是一张"单程票",别人回赠给你的也许会远远超出你的意外。

★不要"抠门",学会与他人分享自己的劳动成果

职场中,一旦与别人分享了你的成就,他们往往就会感激万分,并在未来的过程中更加支持和拥戴你。

★推荐一些团队组建和合作解决问题的技巧

任何一种你所知道的组建团队的方式都会对你的团队有很大的帮助,你不妨寻找机会看看何时团队能够从你提出的工作建议中受益。

★向他人"取经",询问工作信息和专业意见

工作中要善于借助他人之力,他人之力对于你的工作来说,就相当于"锦上添花"。不必担心他人会对你有所保留,因为你的请求在一定程度上代表了你对他人某方面才能的肯定，从而也满足了他人的心理需求。

篮球"魔术师"约翰逊曾说："不要问你的队友能够为你做什么，而要问问你能够为你的队员做一些什么。"合作是一种双向选择，你对别人付出，别人才会对你付出。"双方互惠"是最好的进步方式。如果想要求得进步，先从你身边的同事帮起吧。

友谊不是三月桃花一现,而是松柏四季常青

——学会用欣赏的眼光看朋友

"朋友"是一个温暖的字眼,它为我们的内心注入汩汩暖流,让我们感受友谊的珍贵和生活的美好。同时,朋友身上所具备的种种优良品行,更值得我们去欣赏和学习。同时,也只有懂得欣赏朋友,我们才会更懂得欣赏生活,欣赏自己,欣赏世间一切值得欣赏的东西。

用倾听告诉对方"他很重要"

一位著名教育家说过:"做个听众往往比做一个演讲者更重要。专心听他人讲话,是我们给予他人的最高的尊重、呵护和赞美。"

我们每个人两只耳朵,一张嘴,或许就是要我们多听少说吧。

实际上,每个人都认为自己的话是最重要的,认为自己的声音是最动听的,为此人们都有表达自己的愿望。在这种情况下,友善的倾听者自然成为最受欢迎的人。而那些不善于倾听的人则往往错失良机,或者和同事们产生误解、冲突,作出拙劣的决策,或者因为问题没有及时发现而导致职场危机。

因此,要想在社交活动中取胜,倾听的力量可不能小觑。

几年前,李志刚大学毕业后,来到北京郊区的一个旅游景区上班。由于他在学校时读的是文秘专业,所以对旅游业感到十分陌生。

直到现在,李志刚还记得去景区报到前夕,县旅游局局长语重心长地对他说:"你刚毕业,在学校发表了不少文章,到景区后可以发挥你的专长,多为景区发展提提点子,多写些旅游宣传管理方面的文章。同时要虚心学习,不懂的地方要多请教领导、同事。做到多听,多学,多思考,多做事,只有这样才能有所进步。"

当时,旅游开发在那个区县城还刚刚起步。县旅游局成立接待站对景区进行管理。接待站站长姓顾。顾站长为人豪爽耿直,是个性情中人。他来到景区已经好几年了,对景区的情况比较熟悉。对李志刚的到来,他是十分高兴的。那时,李志刚是第一个去景区的大学生。为了使李志刚能尽快适应景区管理,他被安排到票务部工作。那时,景区管理范围不大,前来参观的游客也不多。当然谁也不曾想到,在短短6年内,景区一跃成为国内旅游知名品牌,接待众多的中外嘉宾。

每天早晨,李志刚的任务是打扫卫生,然后开始上班。景区工作人员不多,大都在票务部上班。顾站长每天会到票务部检查工作。他是个热情的人,也是个善谈的人。每当李志刚遇到困难时,他总是及时帮助他解决。但是顾站长也有缺点。有时交办一件事情,本来三言两语就可以说完的,他却要仔细地交代,生怕你不清楚。有时,他批评人也是比较严厉的。再加上他时常表现出来的固执,所以在单位里,喜欢他的人也有,不喜欢他的人也有。但是李志刚和他相处一贯很好,他对李志刚也很信任。原因很简单,李志刚尊重他,多听多做少评论。

在后来的工作中,李志刚又接触了几任景区领导,也深得他们的信任,重要原因之一在于他认真倾听。同时他在倾听中也学到了很多知识和做人的道理。

故事中的李志刚用倾听为自己赢得了和领导之间融洽的关系。即使对一个严厉、固执、啰唆的领导,他也能够赢得对方的好感,那么如果是其他的领导就更不在话下了。

其实,每个人都有表达的欲望,人们都希望自己的存在能被别人注意,自己的声音能被别人听到,似乎只有在表达之中,才能获得一份满足。但在这样的表达中,我们可能并不会取得自己所希望的效果,自己一味倾诉,最后发现对方根本不感兴趣。甚至因为过度地表达,还会引起反感。适当的时候,给予对方表达的机会,也许会取得非常好的效果。而要舍弃自己表达的机会,就需要一份内在的涵养,在尊重他人的同时,自己才会被尊重。

可以说，在人与人的交流中，最好的方式就是倾听，这是一条亘古不变的经典法则。自己并不需要多说什么，对方却能完全心领神会。富有涵养的人，总会以最为得体的方式，以最恰当的方式，将自己的意愿表达给别人。在需要表达的时候，他们从不推诿，他们也不吝啬于自己的真诚，在需要停止的时候，他们又总能收住自己的欲望，不会再有过多的语言。

相反，如果不懂得聆听，动不动就随意插言，妄加评论，则可能引起他人的不满，甚至招来祸害，使自己的人际交往陷入真空之中。

★聚精会神，保持好状态

对于说话的一方而言，对方能够专心地听自己讲话，这本身就是一种对自己的尊重和认同。所以，在倾听别人谈话的时候，我们一定要让自己聚精会神。如果让对方感觉到你的状态委靡不振，从而产生一种你对他的话毫无兴趣，或者根本不把他放在眼里的错觉。

所以，我们在倾听别人说话的时候，要尽量保持大脑的警觉，让大脑处于兴奋状态，做到专注、机敏地倾听。

★运用恰当的动作和表情给予呼应

从宽泛的意义上来看，沟通不仅仅局限于语言，我们的表情、姿态、手势等同样是沟通中的语言，只不过是"非口语"化的语言。如果在人际交往中时，我们能够恰当运用自己的这些"无声"的语言，比如微笑、点头等，都会使谈话的气氛更加融洽。

★有时候要善用"沉默是金"的"铁律"

沉默似乎只是一种状态而已，而实际上有时候这种看似与外界无关的状态，却蕴涵着丰富的信息。有人把沉默比作乐谱上的休止符，如果运用得当，就可以达到"此时无声胜有声"的效果。当然，沉默一定要和语言相辅相成，这样才能获得最佳的效果。

★给对方适时适当的提问

为了向对方表示我们的专注和兴趣,在对方谈话的过程中,我们可以适时适度地提出问题,这对于沟通的效果也是会起到积极作用的。

总而言之,倾听作为沟通中的重要因素,将直接影响人与人之间的沟通效果。如果我们善于倾听,并且能够熟练驾驭倾听的技巧和方法,那么获得良好的沟通效果则不是什么难事了。

生活中,最有魅力的人一定是一个倾听者,而不是滔滔不绝、喋喋不休的人。倾听,不仅是对别人的尊重,也是对别人的一种赞美。在社会交往中,最善于沟通的高手,是那些善于倾听的人。也许在交谈过程中他并没有说上几句话,但是他却更容易得到对方的认可和肯定,认为他是善于言辞的人,也是懂得尊重别人的人。

记住对方的名字,
是一种巧妙而有效的赞美

西谚里有这样一句话:人对自己的名字比地球上所有名字的总和还要感兴趣。不难理解,对每个人而言,记住别人的名字,并且能轻而易举地叫出来,无异于给人一个很巧妙而又有效的赞美。

连任4届美国总统的罗斯福就很善于运用记住别人姓名这一"招数"。比如,在一次宴会中,罗斯福看见席间坐着许多不认识的人。于是,他特意找到自己熟悉的一名记者,从那位记者哪里打听到了在场的很多人的姓名和大致情况，然后主动去接近他们，并叫出他们的名字。

在场的人们当知道眼前这位平易近人，而且了解自己的人竟然是著名的政治家罗斯福时，都深为惊讶，也非常感动。

由此可见，记住别人的名字，是一种起码的礼貌。不妨想一想，对那些能够轻而易举地记住自己名字的人，我们怎能不觉得亲切呢？仿佛双方是老友相逢，我们怎么忍心不竭尽全力地帮助他们呢？

我们对享誉全球的钢铁大王卡内基的名字都不陌生，但却少有人知道安德鲁·卡内基成功的根本原因。

实际上，卡内基对钢铁的了解并不比一般人多。他之所以取得了巨大的成功，很大程度上取决于他知道如何为人处世。还在童年时期，他就表现出超强的组织才华和领导才能。到他10岁那年，他就有了一个重大发现，那就是人们把自己的姓名看得非常之重要。而他利用这项发现赢得了别人的合作。

一次，卡内基在苏格兰小镇玩耍的时候，逮到一只母兔子。后来他又发现了一群小兔子，但让他为难的是，自己并没有可供兔子们享用的食物。

沉思了一会儿，卡内基想出了一个很绝妙的法子，他对小伙伴们说："如果你们能找到足够的苜蓿和蒲公英，让那些兔子吃饱肚子的话，那么我就用你们每个人的名字来给这些兔子命名。"结果他的这个办法非常灵验，小伙伴们赶紧积极地投入寻找苜蓿和蒲公英的劳动中。这样，所有的小兔子都没被饿死，健健康康地活了下来。

这件事一直影响着卡内基。几年后，他又采用同样的方法赚了好几百万美元。

一次，他想把铁轨出售给宾夕法尼亚铁路公司，当时该公司的董事长是艾格·汤姆森。为此，卡内基在匹兹堡建立了一座巨大的钢铁厂，将钢铁厂命名为艾格·汤姆森钢铁厂。

谁知,当艾格·汤姆森得到这一消息后,他兴奋极了,激动得手舞足蹈,因为他觉得自己受到了很高的重视,得到了至高的荣誉和尊重。接下来,艾格·汤姆森很痛快地和卡内基签订了购买铁轨的合同。

莎士比亚说过:"还有什么能比我们自己的名字更悦耳、更甜蜜。"的确,对每个人来说,最动听的莫过于自己的名字了。在社交场合,如果我们能够牢记别人的姓名、生日、各种喜好等细节,就会给对方传达一种我们很在乎对方的信息。这不但能建立良好的人际关系,而且对个人事业的发展也会有很大的帮助。因为每个人都需要来自别人的尊敬,当我们能够喊出别人姓名的时候,那么对方会油然而生一种被尊敬的感觉。

也许你会说,记住那么多人的名字不是一般人能做到的吧?事实并非如此,只要我们用心,至少善于运用一些方法,我们也能够像上述案例中的主人公们一样,轻而易举地喊出别人的名字。下面这些小方法,就可以帮到我们这一点:

★通过照片辨认

当你手握新朋友照片时, 可以通过照片把对方的相貌和名字一起熟记。每天你只需花 5 分钟看几眼照片,不用多久就能熟记。下次见面,就能轻易喊出对方的名字。

★找到陌生人的特点

在没有照片的情况下,你可以在与对方交谈的过程中,观察对方身上的特征。比如身材高大、头发稀疏、眼大如牛、鼻梁高挺……这些都是能与名字结合起来的特征。当你一再反复辨识后,就自然不易忘记了。

★泰然自若地道出名号

当你记住别人名字后,下一步就是当场辨认。在你喊出对方名字的整个过程中,神态必须自然,不要仔细端详,露出正在努力辨认的心虚表情。

毫无疑问，对于每个人而言，自己的名字都非常的重要。许多善于交际的人，往往都是记住别人名字的高手。见到对方后，他们总能轻而易举地叫出对方的名字，使对方瞬间产生一种被尊重、被重视的感受。这样，不管是沟通还是合作，对方自然就乐于配合，交往本身自然会收到意想不到的效果。

所以，在人际交往中，我们要去尝试记住别人的名字，这是对他人的尊重和表示我们对他人的重视。

不要总以自己的喜好去衡量别人

现实生活中，很多人都会犯这样的"毛病"：总会不自觉地把自己的心理特征，像经历、好恶、欲望、观念、情绪、个性等加之于他人身上，认为自己怎样想，别人也应该怎样想，如果发现别人和自己意见相左，就恨不得通过自己的努力说服别人。

这在心理学上被称为"投射效应"。具体说来，投射效应指的是把自己的想法和观点"强加于"他人身上，认为自己有某种特性，别人也应该和自己具有相同的特性。比如，一个心地善良的人会以为别人都是善良的；一个喜欢算计别人的人就会认为别人也在算计自己等等。

由此可见，由于投射效应的存在，我们往往可以从一个人对别人的看法中，来推测其真正的意图或心理特征。先来看一个故事：

大文豪苏东坡和佛印和尚是一对好朋友。一天，苏东坡到金山寺和佛印禅师打坐坐禅,苏东坡觉得身心通畅,于是问禅师道:"禅师!你看我打坐的样子怎么样?"

"好庄严,像一尊佛。"

苏东坡听了非常高兴。

佛印禅师接着问苏东坡说:"学士!你看我打坐的姿势怎么样?"

苏东坡一向喜欢嘲弄禅师,这次也不例外,他马上回答说:"像一堆牛粪!"

佛印禅师听了不但没气恼,反而非常高兴!

苏东坡就纳闷了,禅师被自己喻为牛粪,不但没气恼,还这么高兴,真是难以理解。苏东坡心想,这一次嘴仗自己是赢家,于是逢人便说:"今天我赢了!"

这一消息传到苏东坡聪慧的妹妹苏小妹耳中里,苏小妹问苏东坡道:"哥哥!你究竟是怎么赢了禅师的?"苏东坡眉飞色舞,神采飞扬地如实叙述了一遍他与佛印的对话。

苏小妹微微一笑,对苏东坡说道:"哥哥,你输了!禅师的心中如佛,所以他看你如佛;而你心中像牛粪,所以你看禅师才像牛粪!"

听了妹妹的话,苏东坡哑然,才知道原来自己禅功远不及佛印禅师。

这个故事正是"投射效应"的生动案例。不可否认,由于人与人之间会存在一定的共同性,都有一些相同的欲望和要求,所以,很多时候,我们对别人做出的推测都是比较正确的,但是,不要忘了,除了共性,人和人之间还存在各自的特性,因为差异的存在,所以会导致我们的推测出错。

因此可以说,这种以己度人的"投射效应"能使我们对其他人的知觉产生失真。因为这种投射使我们倾向于按照自己是什么样的人来知觉他人,而不是按照对方的真实情况进行知觉。

可以说,投射效应是典型的用自己的眼光来看待他人的行为方式,同时也是一种严重的认知心理偏差，结果往往事与愿违。

我们来看看下面这个故事：

有一位大学教授来到一个落后的小乡村游玩，他雇了当地村民的一艘小船。当小船开动后，这位教授问船夫说："你会数学吗？"

船夫愣了愣，回答道："先生，我不会。"

教授接着又问船夫："那你会物理吗？"

船夫说道："物理？我也不会。"

教授还不死心，继续问船夫："那你会用电脑吗？"

船夫回答："先生，我不会电脑。"

听了船夫的话，教授摇了摇头，对船夫说道："你不会数学，你的人生目的已失去 1/3；不会物理，你的人生目的又失去 1/6；你不会用电脑，人生目的又失去 1/6。也就是说，你的人生目的总共失去了 2/3，你只拥有 1/3……"

教授正说到这里的时候，忽然天空中飘来大片黑云，紧接着刮来了强风。

眼看暴风雨就要到来，小船摇晃得厉害，这时候船夫问教授："先生，你会游泳吗？"

这时候该轮到教授发愣了，他答道："不会，我没学过。"

船夫摇摇头说道："那你人生目的快要失去全部了……"

这个故事看上去很有意思，但其中所蕴涵的道理却值得我们深思。看看我们现实生活，是不是有些人就像这个教授似的，总喜欢用自己的标准来衡量别人，他自己是数理方面的专家，便认为数学、物理和电脑这些是最为重要的，如果不了解这些东西，人家的人生就没有了意义。

可是，对于船夫而言，精通数学、物理和电脑又有什么意义？还是在紧要关头具备"活下去"的能力更重要。

反观我们现实生活，也有一些人会像上述故事中的教授一样，喜欢用自己的喜好来判断事物的发展，而往往这样的举动只会带来不利的后果。

所以,我们不能一味地用"我"的标准来作为判断事物好与坏、正确与错误的标准。所以,我们应该清楚地认识到,我们习惯性地用自己的喜好去认识、评价、判断、衡量别人,往往有失偏颇,并不能给他人带来多少好的影响。

★尊重别人的个性

我们每个人相对其他人都是独立的,这种独立性也决定了大家都是平等的。那么我们对别人讲话就要用商量的语气,而不要强势又强制。即使有必要指出别人的缺点,我们也一定要注意措辞和语调的委婉,而不能横冲直撞。

我们发现,有些人往往喜欢不加掩盖地说出别人的缺点和短处,这样看似"实话实说",但对于听者而言是很不舒服的,很容易伤害对方的自尊,甚至会因此而埋下怨恨的种子。

★尊重别人的看法、想法和做法

由于成长环境和受教育程度的不同,使我们每个人都有自己的世界观,因为此尊重别人就是要尊重别人对同一事物的看法和想法。

然而现实中,总有一些人不知是主观故意还是思维定式导致的,总是非常喜欢否定别人,否定别人的看法和想法,别人说什么想什么都不对,这个也不对,那个也不对。

这种人显然不容易受人欢迎,而只有懂得尊重别人的看法、想法和做法的人,才能获得别人的尊重,成为一个受他人欢迎的人。

如果我们希望通过自己的努力来影响他人,那么就一定要注意到投射效应的束缚,仔细考虑清楚对方的喜好以及性格特点,再有针对性地实施影响。别人说好说不好那是别人的事,有自己的判断就行了,没必要强行让别人赞同自己的观点。

赏识他人为你带来诚挚的友谊

人类所有的情绪中，最强烈的莫过于渴望被赏识。

其实，不管是对领导、同事，还是朋友、家人，欣赏都是打开沟通渠道的重要法宝。

不妨想想看，当自己听到别人的赞美时，自己会是一种什么样的感受呢？哪怕可能对方只是说你今天穿的衣服相当好看，你也会高兴一整天，所以说人都是渴望被赞美的动物。

韩燕、雯雯和张萍是一起从农村来城市打工的室友，几年相处下来，她们建立了深厚的感情。

但是同在一个屋檐下，难免会有矛盾。

这不，一个周末的晚上，张萍去加班了，韩燕向雯雯抱怨道："我真有些受不了张萍的坏脾气，一看她就是从小娇生惯养的。你能不能告诉她，让她改一改，否则我都不愿意理她了。"

雯雯一口答应："好，我会办好这件事的。"

果然，之后的日子里，韩燕发现张萍跟变了个人似的，变得非常有礼貌，而且也很客气，和以前那个骄横的娇小姐简直判若两人。

韩燕想知道其中的奥秘，于是她对雯雯说："太谢谢你了，张萍现在变得好多了。可是，你是怎么跟她说的呢？"

雯雯微微一笑，对韩燕说道："我对她说'很多人都赞赏你，长得漂亮又温柔善良，脾气又好。特别是和咱们一起住的韩燕，她总是夸奖你这里好那里好,对你很是欣赏呢!"

韩燕听了,有些不好意思地低下了头。但她心里很明白,正是雯雯对张萍的这几句赞赏,才让她来了个180度的大转弯。

著名教育家卡耐基曾这样说过:用手枪抵着一个人的胸口,让他自动交出手表,这是可能的;以解雇来胁迫雇员勤奋工作,这也是有可能的;以无理的恐吓来左右孩子的行动,这仍然是有可能的,这些都是可以做到的。但是这种不正常的方式通常会引起反感。

卡耐基认为,人们的欲望比生理需求和物质需求更重要的就是"自我的被重视感"。所以,真心诚意地重视别人,就会得到别人的认可和好感。对待朋友,更是如此。我们真诚地赞美别人,尊重别人,对方就会回报我们诚挚的友谊。

因此,对于我们所能接触到的每一个人,都不要吝啬赞美之词。这样一来,我们就会给人留下真诚而彬彬有礼的印象,每个人都会愿意与我们接触、打交道,我们就会成为和他们做朋友的最佳人选。

当然,赞美不是献媚,赞美的目的是帮助别人发现自身的价值,获得一种成就感,赞美是发自内心的欣赏。赞美与献媚的动机完全不同,献媚是为一己私利骗取他人的信任,而赞美则是发自内心的真实情感体验的表达。赞美可以消除彼此之间的隔阂,加深彼此之间的关系。赞美是赠给别人的一缕阳光,献媚是为他人设下的陷阱。

说到底,任何情谊、关系都是需要我们用心去真诚对待的。赞美之声会让我们周围的人觉得愉快,觉得喜欢和我们在一起。实际上,这正是我们对于友谊和关系追求的初衷。

其实,有些时候,对方在意的并不是我们赞美的实质内容,而只是乐于接受我们对他的注意和好感。这样,对方当然喜欢和我们在一起,而彼此的关系也自然会和谐而稳定。

★赞美要具体

在日常生活中，人们取得突出成绩的时候并不多见。因此，交往中应从具体的事件入手，善于发现别人最微小的长处，并不失时机地给予赞美。赞美用语越翔实具体，说明对对方越了解，对其优势和亮点越看重。这样，就会让对方感到我们的真挚和可信，从而产生亲近效应。

例如，"阿彬，你今晚戴的这条领带配这套黑色西装，真是好看"，这会比"阿宾，你今晚穿得很好"更有力量。再比如："玲玲，你每次和人们说话的时候，都能让他们觉得自己很重要"，这会比"玲玲，你真会与人相处"要好一些。

★掌握赞美的"快乐习惯"

其实在赞美别人的同时，我们自身不但不会有损失，而且还有巨大的"附加利益"，能让我们得到心灵的满足感。心理学上有个"宇宙规律"，用在这里就可以说成如果你不能为自己增加快乐，那么你就不能为任何人增加快乐。所以，我们要养成赞美他人的习惯，尽可能每天赞美3个人以上，这样我们将会感觉到自己的快乐指数大大提升。

★赞美因人而异

人的素质有高低之分，年龄有长幼之别，也有男女之异。因人而异，突出个性，有特点的赞美，比一般化的赞美能收到更好的效果。老年人总希望别人不忘记他"想当年"的业绩与雄风，与其交谈时，可多赞美他引为自豪的过去；对年轻人不妨语气稍微夸张地赞扬他的创造才能和开拓精神，并举出几点实例证明他的确能够前程似锦；对于经商的人，可赞美他头脑灵活，生财有道；对于漂亮的女孩，可以夸赞她的美貌；对于不漂亮的女孩，可以夸赞她的风度；同时见了漂亮和不漂亮的女孩，可以夸赞她们得体的服装或者气质。

★多赞美那些需要赞美的人

在现实生活中，最需要赞美的不是那些早已功成名就的人，而是那些因被埋没而产生自卑感或身处逆境的人。他们平时很难听到一声赞美的话语，一旦被人当众真诚地赞美，便有可能振作精神，大展宏图。因此，最有实效的赞美不是"锦上添花"，而是"雪中送炭"。

在潜意识里，任何人都渴望得到他人的赞美。的确，对于每一个被赞美者来说，他人的赞美是对自己的肯定，将给自己带来终生难忘的美好记忆以及继续奋斗的动力。因此，在朋友需要的时候，不妨真诚地赞美他，这是你与朋友相处的最重要的一条法则，也是你保持自己"好人缘"的最重要的方式。

向优秀的人学习，自己才可以更优秀

古人云："近朱者赤，近墨者黑。"意思是说，接近好人可以使人变好，接近坏人可以使人变坏。虽然这句话并不是放之四海而皆准，但也有其一定的道理。毕竟，人与人之间是相互联系并且相互影响着的，你身上某些优秀品质可能影响到周围的人，你也可能沾染上他人身上不好的品性和习气。

基于这一点，我们一定要有意识地多结交一些有潜力的或者比自己优秀的朋友。当你周围都是一些优秀的人时，你自身也会不自觉地向他们看齐，从他们身上学习到一些自己所不具备的优点，这就是所谓的"见贤思齐"。

不仅如此，在你遇到困难的时候，你结交的这些优秀的朋友会给你提供有用的建议以及帮助，为你出谋划策，帮你渡过难关。

战场上，硝烟四起，天昏地暗，血肉横飞。虽然这场激烈的战争打得士兵们溃不成军，但一直在前方冲锋陷阵的将军却惊讶地发现，从战争开始到现在，一个小士兵始终都跟在自己左右，英勇顽强地对抗着敌军，面无惧色。

战争结束后，将军吩咐下属把那个小士兵叫到自己跟前，他不无赞赏地对小士兵说："年轻人，你非常勇敢！在整场战争中，你是唯一一个坚定地跟在我左右的人，在与敌人的对抗上，你英勇无比，没有任何却步。你怎么会有这么大的勇气呢？"

小士兵听后毫不犹疑地回答道："报告将军，我的勇气都是从您那里得来的。"

小士兵的话让将军感到很纳闷，于是将军问道："哦？可是我从来没有鼓励过你啊。"

"是的，您确实从来没有鼓励过我，也从未和我说过话。但我一直记得离家前父亲对我说的话，他告诫我在打仗的时候，要紧紧地跟着将军。这样将军的气势能感染到我，有一天我也终会成为将军。"

小士兵父亲的话不无道理，能够当上将军的人，必然是足智多谋、英勇善战的人，经常和将军在一起，将军身上的特质也会影响到自己。所以，如果有志当将军，就应该多和将军为伍，向将军看齐。

一位著名的美国银行家，名字叫做阿瑟·华卡，他的成功，得益于他少年时的一次经历。

有一天，华卡无意间在当地的一本杂志上读到了大实业家威廉·亚斯达的故事，看到亚斯达的成功，华卡既美慕又无比崇敬，而且很希望见到他，并希望自己将来也能成为他那样的人。

第十章　友谊不是三月桃花一现，而是松柏四季常青
——学会用欣赏的眼光看朋友

终于一个偶尔的机会，华卡见到了自己的偶像亚斯达。于是，华卡向他询问赚钱的秘诀是什么，亚斯达对华卡说："只要多结交比自己更优秀的人，就有成功的那一天。"

虽然只是短短的一句话，但华卡却一直铭记在心，并且一直实践着这一基本信条。在此后不到 5 年的时间里，华卡于如愿以偿地实现了自己美好的梦想，成为了一名银行家。

后来，有年轻人向华卡讨教成功的经验，华卡只是把亚斯达当初告诉他的那句话换了个说法，他说："我希望你常向比你优秀的人学习，这对做学问或做人都是有益的。"

华卡的做法，值得我们在工作中借鉴。把优秀的人作为自己学习的榜样，这是我们取得事业成功的重要因素。否则，一个人即使有取得成功的潜质，也会因为不善于向他人学习而走向失败。

也许我们在某一方面比别人强，但通常来讲，别人身上也会有我们所不具备的东西。所以要想让自己取得更多进步，我们就应该将自己的注意力盯在他人的强项上。只有这样，我们才能看到自己的肤浅与无知。

任何一个人都有可能是某个领域的专家，我们必须保持足够的谦虚，它会让我们看到自己的短处，从而促使我们不断取得进步。

老子说："水善利万物而不争，处众人之所恶，故几于道。"这句话旨在表明，水总是居于最低下之处，它的谦卑本色让人叹服。

或许很多人觉得显现出那股指点江山、意气风发的劲头，是一种潇洒的表现。殊不知，那在学生时代或许会突出自己的个性，也被多数人认同。但是在社会这个大舞台上，由于自己的身份和所处的环境等都已经发生改变。如果还像当初在校园时，过于张扬，就会树大招风。而只有谦卑，才是为人处世的至高智慧，也是一种"无为而治"的胜利妙法。

放低自己，是要我们不妄加评论别人的建议，不将自己的想法强加给

他人。保持谦卑也不是让人唯唯诺诺、卑躬屈膝，该维护尊严的时候，也要理直气壮、绝不能含糊。保持谦卑更不是低声下气、奉承谄媚地说话。每一个人都有优点和长处，每一个人也都有缺点和短处。只有虚心向别人学习，做到取人之长补己之短，我们才会有进步。另外，我们还需要从正反两方面向别人学习，既要学习对方的成功之处，也要善于从对方那里借鉴"缺点"以免重蹈覆辙，这也就是所谓的批判性学习。

总之，尺有所短，寸有所长。如果我们能够客观地看别人和自己，就会发现别人的优势和自己的不足，就会汲取他人的经验，从而不断地使自己逐步完善。

杜绝"酸葡萄"心理

我们常用"吃不到葡萄说葡萄酸"来形容对别人的嫉妒心理。这个著名的"酸葡萄"理论实际上源于一则伊索寓言故事。

故事的内容大概是这样的：

有一只狐狸本来是极想吃葡萄的，他努力了很多次，尝试着吃到葡萄，但是最后都失败了。后来，它对其他动物说葡萄是酸的。也就是说，狐狸故意把葡萄的价值贬低，以使自己感到心安，抵消心中的不服气，这就是"酸葡萄"心理的表现。

其实这种心理来源于嫉妒，但却不能承认它是一种好的自我调试方法。要知道，嫉妒是由于别人胜过自己而产生的一种有抵触性的消极情绪体验。当别人某一方面超过自己时，自己的心里就酸溜溜的不是滋味，于是就产生一种含有羡慕和憎恶、怨恨和愤怒、失望与猜疑、虚荣与屈辱等并存的复杂情感,这种情感实际上就是嫉妒。

有这种心理的人,他们容不得别人超过自己,害怕别人得到自己无法得到的名誉、地位等,在他看来,自己无法做到的事别人也休想做到,自己得不到的东西,别人也不能得到。

在我们的人生历程中,难免遇到失败和挫折,但我们能否取得成功,关键在于我们是否能心平气和地接受糟糕的事实,然后再设法弥补。如果我们总是怀有嫉妒之心,就不会自觉地看到别人的优点,而看不到自己的优点。如此一来,在这种对自我的错误认识中,想取得进步和成功又谈何容易呢?

其实任何人都有缺点,都有不如别人的地方,当别人在某些方面超过自己时,就应该有意识地想一想,自己也有比对方强的地方,这样就会让失衡的心理天平重新恢复到平衡的状态。

不仅如此,在为人处世的过程中,我们还应注意不要以自我为中心,而应以客观、公正的眼光判断他人,要遵循与人为善的准则。如果经常看不起别人,不把别人的成绩当一回事,只看重自己的优点,这样也容易嫉妒别人。因此,我们要努力跳出以自我为中心的圈子,这样才能摆脱痛苦。

★看清嫉妒的危害

嫉妒是一种损人害己的不良心理。如果总是沉溺于嫉妒的不良情绪中,不但会让你的精力分散,延误自身素质的提高,还会产生怨恨、抑郁等负面情绪,从而影响到自己的人际关系,日常生活、工作等各方面。所以,远离嫉妒的第一步,就是要看清嫉妒的多方危害,时刻提醒自己。

★提高自身实力

人们之所以会嫉妒,大部分原因就是觉得自己不如别人,不希望别比自己强大。所以,消除嫉妒最好的办法,就是努力让自己的学识、能力等自身素质不断提高,让自己不断强大起来。当你超越别人时,心中失衡的天平不再倾斜,嫉妒也就消失不见了。

★ 改变自私心理

嫉妒是一种非常自私的自我膨胀表现。因为害怕别人的强大会对自己的利益造成不利,所以就以嫉妒的方式来进行自我保护。自我保护是人类的一种本能反应,但过度的保护就成了自私,所以,要想消除嫉妒,就要改变自己的自私心理。

★ 客观地看待和评价他人

尺有所短,寸有所长,每个人都有自己的优缺点。你不可能什么事都比别人差,别人也不可能任何方面都比你优秀。要客观地看待自己,不要只看到自己的缺点而看不到优点。同时还要理性客观地判断别人,正确衡量双方的差距,为自己找到一个平衡的支点。

★ 换位思考

换位思考,也就是将心比心。当你的嫉妒之火燃起时,可以试着去站在对方的角度和位置想一想,体验和理解别人此刻的感受,也许你内心的妒火就会就此熄灭。

有差异,就会有比较,有比较就会有竞争。在我们的生活中,竞争无处不在,嫉妒也很难完全消除。当你心怀嫉妒的时候,你的内心会潜在一种破坏他人幸福的倾向。在这种情绪的影响下,你会对自己的不幸失去积极的认知,更多时候会深感无奈,无法容忍别人的优秀和快乐,甚至使出卑劣的手段去破坏别人的幸福。

但这样的负面情绪,还是尽量避免的好。拔除心灵的这颗毒瘤,放下那些沉重的枷锁,你的生活才会轻松自在。

第十一章

永远都有"人生若只如初见"般的美好
——学会用欣赏的眼光看爱人

"前世的五百次回眸,才换来今生的一次相遇",按此推论,两个人从相遇、相知到相伴相守需要几世的轮回?而这,正是上苍赐予我们的爱的际遇。于是,我们不得不感叹缘分之奇妙,爱情之神奇!于是,我们期待,我们渴求这份爱永远存在,永远保留热度。而要想实现这一点,我们就一定要学会欣赏对方。当然,想要做到欣赏伴侣,我们必须从行动中做出表示。只有这样,你和你的伴侣才能感受到那份浓浓的爱意,让你们的爱之花绚烂绽放,永不枯萎!

二人世界需要互相欣赏

　　二人世界，这是每一对热恋中的男女和新婚夫妇无比享受的。而想要经营好这份感情，我们就必须学会相互欣赏。因为，只有欣赏得深才会恩爱得深，而恩爱越深，相互肯定的东西也就会越来越多。

　　对于这一点，其实绝大多数的人都持认同态度的，但是，我们有时欣赏的范围却过于"狭小"。欣赏对方，不一定仅是爱慕对方的才貌，因为容颜会老，才能会退化。欣赏应是多方面的，或禀性温柔，或气质高雅，或勤劳朴实，或幽默风趣……只要善于挖掘对方的优点，你就会感到：原来对方是这么优秀！相信在这种心态下，对方也会立即表现出自己的爱意，让你们之间的好感越发浓烈，感情羡煞旁人。

　　爱一个人，我们不能只爱他（她）的优点，而容不得对方有半点瑕疵。正如我们欣赏维纳斯女神的高贵典雅，能够包容她断臂的缺憾，欣赏艺术品尚能如此，何况对活生生的人呢！

　　其实，有些细微的缺点反而更能够衬托出优点的真实。既然"金无足赤，人无完人"，我们又何必要求自己的另一半一定要做得那么完美呢？

　　想要让你的那份感情永远不降温，想要自己在伴侣的眼中都是美好的，那么，我们就一定要学会欣赏对方。当然欣赏是相互的，如果只有一方欣赏对方，而另一方却无动于衷的话，那么夫妻恩爱也就无从谈起了。

　　想要做到欣赏伴侣，我们必须从行动中做出表示。只有这样，你和伴侣之间才能感受到那份浓浓的爱意,让你们的感情永不过期。

★欣赏来自浪漫

欣赏不仅体现在你对伴侣的赞同,更体现在你们之间的生活小细节。如果你不时制造一些浪漫,让伴侣感到一种温暖,那么伴侣就会认为这是欣赏自己的表现。这样一来,你们之前的感情自然会无比浓烈。

(1)体贴的拥抱

每一天,你都应该和伴侣体贴地拥抱,尤其是当在外忙碌了一天后,你别忘了给他倒上一杯水,加上一个体贴的拥抱,这可比无数的甜言蜜语有效得多。这么做,会让伴侣认为:我的另一半很欣赏自己,所以他才心疼我!

(2)安排一些约会

当我们步入婚姻殿堂后,浪漫开始逐渐降温,这个时候,你就应当赶快安排一个别出心裁的约会,来为你们的感情充电。

例如,你可以选一个阳光明媚的周末,和爱人一起去一个风景如画的度假村,好好感受一下周围轻松惬意的生活环境,浪漫一下;或者邀请对方共进晚餐,一起手挽着手,彼此传递心里的温暖。

(3)时常说声"我爱你"

很多朋友认为,在婚后,夫妻就不再需要说"我爱你"、"你真漂亮"等肉麻的话。那只是恋爱时的"把戏"而已。其实,这种想法并不值得提倡。要知道,不管是多大年纪的人,在听到"我爱你"三个字的时候,心跳都会加速。

所以说,在生活中,我们还是有必要时不时用恋爱时的语言和对方交谈,这对于增加夫妻生活情趣是很有帮助的。当伴侣听到了你的甜言蜜语,会感到自己在你的眼里依旧充满魅力,你依旧欣赏自己,这样伴侣也会对你无比迷恋。

★背后赞扬

处于热恋中的男女,往往会情不自禁地对对方说出对方的优点,表示出对伴侣的欣赏之情,但是在其他人面前,却总是遮遮掩掩,不愿说出伴侣的好。

其实,对于欣赏伴侣这件事,我们应当做到应用于生活中的每个环节,例如在对方的亲友们面前,我们可以"不经意"地说几句赞美伴侣的话,这样,你的欣赏就有可能通过传播飘进你的伴侣耳中。这种通过第三人转告心里话的做法,效果可要比当面赞扬你深爱的人好得多哦!

"十年修来同船渡,百年方得共枕眠。"所以,当你与爱人在一起时,一定不要忘记欣赏对方。在生活中,让自己的嘴巴"甜"一些,让自己的行为"勤快"一些,那么你就会发现,你在伴侣心中的形象会立刻高大!

多给对方一些爱,多给对方一些关怀

随着时间的流逝,我们都会有这样一种体会:夫妻之间的感情越来越淡,再没了当年的那份热烈。诚然,几乎每对夫妇都有这样的感受,然而我们也应当明白,男女之间感情的历程是不相同的:男人往往是从温馨的春天很快进入炎热的夏季,而炽热的情火在燃烧之后又很快进入成熟的秋天,之后又很快走入萧条的冬天;女人不同,她们更多的时候是在春日里徘徊,进入燃烧的夏季后,她们不是慢慢步入秋日的成熟,而是缓缓地回味春季,继续在温暖的春光中流连忘返。

通常来说,妻子征服丈夫,靠的是她女性特有的温柔,靠的是她有一颗滚烫的爱心。如果已投入自己怀里的男人也会被别人抢走,那不能怪别人,只能怨自己。用一颗爱心将自己的丈夫牢牢拴住。这样的女人才是真正聪明的女人,也是真正爱丈夫的女人。

　　同样的道理,丈夫对妻子表现出热烈的爱,对妻子表现出关怀,这同样是增进夫妻情感的一剂良药。实际上,每个男人都能做到与妻子保持和谐关系,只要你注意看到她的优点,并适时地表达出来,她是会很容易满足的。有人说:"你若称赞她穿的旧衣服漂亮,她就不会要流行的新衣服了。如果在妻子的眼睛上吻一下,她就会对你犯的错误视而不见,在她的嘴上吻一下,她就会原谅你的所有。"如果夫妻之间能够互相感受到对方的爱,能够体谅对方,那么相信你们在对方的眼中都是最美的。

　　杨智在一家机关担任办公室秘书,平时喜欢写点文章发表到报刊上,但始终没什么名气。可是在家庭生活中,他却感觉到了前所未有的温馨和幸福。

　　有一段时间,连杨智自己都不知道什么原因,沉默寡言的他总是能收到朋友的礼物,他十分得意,年轻漂亮的妻子则显得有些嫉妒。

　　那年的情人节前夕,令杨智做梦也想不到的是,他竟然收到了一束娇艳的玫瑰花,而且,玫瑰还是花店的员工亲自送到的,绝不存在送错的可能。

　　在这束漂亮的玫瑰花里,杨智还发现了一张卡片,上面写满了浓浓的情话。

　　此时不知如何是好的杨智看到妻子充满惊疑的眼睛,就更不知所措了,只好无奈地说:"我真不知道是怎么回事,这下我是跳到黄河也洗不清了。"

　　令杨智没想到的是,妻子没有嗔怒,而是笑了笑,说道:"想不到,我的老公有这么大的魅力,竟有人暗恋,看来我们家的秀才魅力不减,当初我真的没有挑花眼。"

　　对于妻子毫无娇饰的话,杨智暗暗感激妻子的大度,也暗暗感谢送他鲜花而不留姓名的姑娘,是她使自己又感到了被关爱的温暖。

事情到此还不算完，接下来怪事又发生了，杨智又收到一份名曰"你的读者"的朋友寄来的一套西装。

杨智虽然很感动，但一看这西装很贵，自己恐怕写一年的稿子也未必能买得起。

杨智本想退回，可是对方没留任何联系方式，也只好收下。

很快，几个月的时间过去了，杨智的一位校友通过 MSN 对他说道："学长，那套西服怎么样啊？"杨智一愣，问他怎么知道西装的事。

校友沉吟了一会儿说："我告诉你实情吧，其实那套衣服是嫂子买的，她本来不让我告诉你，她只是告诉我你收到'读者'的礼物一定很开心。嫂子还说，你平时不舍得买好一点的衣服，她只是想通过这种方式给你买一套好西装罢了。"

当杨智明白了这一切后，立刻感动得热泪盈眶。他回到家，看到妻子正在做饭，于是轻轻地走过去，从后面抱住了妻子。

对于故事中杨智妻子的做法，想必作为局外人的我们也深为感动了吧。

其实，杨智和妻子之间甜蜜的幸福，最关键就是"爱的作用"。当杨智明白了妻子的关爱后，立刻感到了妻子的好，所以那份爱自然大大得到了提升。

所以说，营造甜美的婚姻，爱和关怀是有力的武器之一。这并不需要浪费太多的精力，一份小小的礼物，一句不经意的关心话都可以激起爱河里的层层涟漪，让夫妻之间的感情回到那个甜蜜浪漫的过去。

也许做到这样的爱，我们每个人都不会感到困难。可是我们还应当明白，"爱"的范围很广，我们必须做到以下这几点，这才能让"爱"在家庭生活中生根发芽。

★不要计较爱人的过错

我们的生活毕竟不是电视剧，很多细节没有"安排"，而是突如其来的。因此,生活中也不可能所有大大小小的问题都使双方称心如意,这也就容易导致夫妻之间会因为某些事而产生矛盾。

对于夫妻之间的认知差别,我们应当表现得大度一些,学会有耐心。如果看不惯对方的一些缺点,要想想这些缺点对家庭生活并没有太大影响,而且人无完人,即使要向对方提出,也要等待适当时机,不要两人一见面就唠叨不休,而应试着热情地和对方打招呼、谈话,这样即使有矛盾也会很容易解决的。

★不要总是唠叨,把话放在明处

生活中,大多数妻子和少数丈夫都喜欢唠叨,他们认为,这是向对方提意见的方法。岂不知,唠叨和提意见是不同的,向爱人提意见是使其明确地知道自己的不满,从而引起注意,然后改正;而唠叨则主要是一种情绪宣泄,并不真正解决问题,而且还会破坏已有的家庭氛围。所以,避免唠叨,这是保持"爱"的一个重要方法。

★夫妻之间要经常沟通,加强理解

沟通是化解问题的良药。所以,夫妻可以利用一起相处的时间,多交流一下近期的工作、生活情况,也可以谈一下家庭计划、目前的困难、彼此的误会等等。尽管这些事情只是些生活琐事,但是一旦交换意见的习惯逐步建立起来,婚后生活中的紧张状态就会轻易地得到缓和。要明白,沟通和理解是通往爱的桥梁,此路畅通,夫妻感情才能通。

★不要轻易说伤感情的话

有些夫妻闹矛盾的时候,会口不择言。虽然这是一时气头上的话,但说出去的话就好比泼出去的水,对对方造成的伤害是不容易挽救的。正确的方法是,不管什么情况下,我们都要注意言语和说话的方式方法。

即使夫妻之间出现了争吵,我们也应当记得:不管自己有多生气,也不要说出伤感情的话,这些话一旦说出去,就如同一把利刀插在了对方的

胸口。当对方感到了被伤害时，他或她也一定会对你感到失望，对你的好
感大大降低。

总而言之，爱是夫妻之间最好的润滑剂，有了爱才温暖；有了爱，才有
拼搏的动力。所以在家庭生活中，我们一定要积极营造出爱的小世界，让
爱的种子在自己和伴侣之间生根发芽，这样，我们才能得到对方真诚的关
爱，获得幸福的真谛！

放弃改变对方的欲望

在爱情面前，每个人都会展现出尽量完美的形象。而到了婚姻里，种
种缺点和不足将随着日复一日的朝夕相处而逐渐暴露出来。随之而来的，
是夫妻之间对于对方的挑剔：你以前不是这样啊，怎么现在变得这么邋
遢？以前那么通情达理，怎么现在这么爱无理取闹？以前什么事都能容忍
我，怎么现在看我哪哪都不顺眼？……凡此种种，不一而足。于是乎，人们
开始摩拳擦掌，尽自己之所能"拯救"对方，让对方按照自己理想的标准获
得"重生"。

其实，这些人并不清楚，他(她)是他(她)，你是你。男人有自己的本质
生活方式，同样女人也是一样。可在感情世界里，我们却忽略了彼此的生
活习性，拼命地让对方改变成自己希望中的样子。谁知道，做了那么多，对
方却总是皱着眉头，而结果不但没有如自己当初希望的那样，反而很可能
引来一通抱怨，甚至关系不和睦。因此，我们衷心地提醒读者朋友，每个人

和每个人是不同的,不要总是改变对方,那样只会让你爱的人离你越来越远。

林昊伊是一个活泼开朗的人,性格外向,也喜欢交际场合。可是她爱人于青州却完全相反,比较内向,不善言辞,就算在家里与林昊伊也不太多说话。

结婚两年以来,林昊伊越发地感觉受不了于青州这样的性格。在她看来,男人就应该善于交际,谈吐大方,这样才能张罗起家里的大事小情。而且现在的社会就是一个讲究沟通的社会,没有沟通就没有人脉,而人脉就是财富,没有人脉就注定难以取得成就。这两年里,林昊伊经常带着老公出入自己的交际圈,把他介绍给自己的朋友们,鼓励他多与人打交道。可是于青州每次都是闷闷不乐地听着别人交谈,别人问他一句他就答一句,除了基本的礼节性的寒暄他几乎就不再出声。这让林昊伊很是失望和气愤。

终于有一天,他们大吵了起来。林昊伊苦口婆心地说:"你知道吗?你这不是内向,这简直是木讷！平时我和朋友们在一起人家都说你是'内秀',你一个大男人内什么秀啊！人家根本就是瞧不起你！我经常让你出去办事和别人打交道,这不全是恨铁不成钢,想让你锻炼锻炼嘛！"

于青州一改往常温和的样子,大声喊道:"我就是这个脾气,以前是这样,以后也不想改！你认识我的时候不就知道吗！你是我老婆,又不是我妈,凭什么要我改变！如果你觉得我不合适,正好我们也没有孩子,离婚吧！"林昊伊没有想到问题这样严重,傻在了那里。

很多女人喜欢凭自己的意志去改变一些固有的东西,特别是当她认识到这些东西已经完全属于她自己时。于是,改变属于自己的男人就成了女人潜意识里最深处的梦想。上面故事中的林昊伊,她以前一定是知道于青州的性格和脾气的。可恋爱的时候她可能认为这是于青州的一个优点,不爱出风头,稳重,踏实,她认为这是一个好男人;结婚后就不一样了,这个时候两人成了不可分离的家人，他已经完全属于她了。于是她感到不满，开始用挑剔的眼光去看待他，并极力试图去改变他。于是就出现了不可调和的矛盾。

我们应该知道，男人的骨子里天生就具有一种韧劲，这在他自己看来是一种不可撼动的尊严。不管你多么爱他或者他有多爱你，千万不要去试图动他的"逆鳞"。如果一个男人不愿意改变，那么你就永远都无法真正去改变他。如果你不清楚这一点，想要按照自己的意志去重塑他，那么即使他是一个懦弱的男人，也会爆发出足以破坏你们感情的力量。

同样的，一个女人也有她本身的特质，这些东西同样不容易被改变。不过话说回来，我们凭什么去改变一个人呢？难道是因为你爱他（她），或者因为他（她）爱你吗？如果从一开始就抱着要改变对方的想法，那就给对方套上了枷锁，也给自己戴上了刑具。我们没有资格改变对方，因为他（她）是他（她）父母带给你的礼物，你爱的不就是那个原来的他吗？你想想，你到底爱他（她）的什么，当初走在一起的时候为了什么，是因为什么走到一起的，你就会发现，你爱的还是那个他（她）。

所以说，如果爱一个人，我们就要爱他（她）的全部，就要以欣赏的态度看待自己不喜欢的部分，因为这些部分也是对方的一部分。只有这样，我们的爱才会历久弥坚，我们的生活才会阳光普照。

★婚前就看到彼此的差异，不要勉强自己

夫妻关系是陈年培养起来的纽带和伙伴关系，彼此之间虽然有很多相互吸引的地方，但毕竟存在许许多多的差异。如果一味地勉强对方改变去符合自己的思想，是最为愚蠢的行为。

所以，这就要求我们在进入"围城"之前，要选择好，而不要勉强接受，不要在勉强中结婚。

★婚后多加包容,给对方自由的空间

如果问一对结婚多年,生活幸福的夫妻有什么秘诀,他们回答的内容里大都包含"包容"二字。的确,夫妻相处的基本之道在于相互包容,又彼此留下独立的空间。

有人说:"夫妻在成家之前,是两个独立的圆形,而结婚成家之后,是两个相交叉的圆形。交叉的部分是要共同生活的,是要包容,不交叉的部分,则是独立的空间,是可以自由发挥的。"

婚姻是两个相爱的人结缘的开始,在踏入婚姻殿堂的那一刻已经表明,两个人愿意将心门之钥全心全意地交给对方。在婚后共同生活的漫长过程中,总会有一些地方是和自己的想法和期待相背离的,但是这并不意味着你必须去改变对方。因为无论从改变的过程,还是导致的结果来看,改变实在不是明智之举。

要拥有爱情,先学会爱人

有人说,爱是一种能力。的确,但凡爱情甜蜜、生活幸福的人大都肯花心思经营感情,懂得如何去表达和表现自己,懂得如何去对待自己所爱的人。而这也正是本节内容要告诉大家的,要拥有爱情,我们得先学会如何爱人。

一位西方哲人说过这样一句话:"与魔鬼搏斗的人,应当留心在这个过程中自己不要变成魔鬼;当你长久注视深渊的时候,深渊也正在注视着你。"同样，当你考虑别人的时候，别人也同样在考虑着你。对待爱人亦是如此。

然而，每个人都有这样的天性：不管自己是好还是坏，不管自己有什么缺点和不足，都能尽量做到容忍自己；可换作是爱人做错了事，对自己的生活或者利益构成了影响，那么宽容起来就没那么容易了。

卢梭说："一个人对别人不承担义务，那么别人对他也不会承担任何义务。"同样，一个人要想获得别人的爱，他首先要主动地去爱别人，要想别人等他，他首先去等别人。柏拉图著名的麦穗原理，强调的就是这种妥协："假如你用一生去等待，你必定能找到你所找的那个人，但是你愿意用一生去等待吗？既然你不愿意，那么请你珍惜手中握住的这一根麦穗吧！"不难看出，夫妻之间如果没有妥协，就无法进行磨合，最终只会一个向左走，一个向右走。

其实有时候，这种妥协也是非常简单的。比如，和爱人约会迟到了，要在第一时间向对方说抱歉，而不要解释说堵车。即使真的是因为路上出现了交通事故造成严重堵车，也不会拿来为自己的迟到开脱，因为你应该预计到会出现堵车的情况而提前一点儿时间出发。

俗话说："知人者智，知己者大智！"世界上最重要的事情就是认识自己，不论男人还是女人。这同时也是一件非常困难的事情，就好比你看不到你自己后脑勺一样。也许人们总是容易注意到别人所犯下的过失，而且还习惯性地把别人的错误记在心上，很长时间也不能把它给忘掉。可是如此一来，却把自己的缺点和所犯的错误，给忽略掉了，这是多么可悲啊！

懂得爱别人的人，他们绝对不会这样做。

他们在对待差错的时候，总是会先检讨自己错在哪里，而很少去找一些"客观理由"。因为只有先从自己身上找出原因，才会避免再犯同样的错误。如果一旦出现差错，首先就强调客观因素，而不做自我批评，甚至推诿抵赖，这些只会为自己开脱的人，只能让事情错上加错，误人误己。

要是遇到有人想抨击他们的时候，他们会在遭到抨击之前，就先自责；要是有人想暗算他们，他们会在遭到暗算之前，就先躺下……千万不要以为这样做很傻，其实不然，这才是真正的智者。

因为就在你自责的时候，那个原想抨击你的人没准会说出宽慰你的话语；就在躺下的时候，那个本来想暗算你的人没准会上前把你扶起来。其实，爱情也是一样的，爱得死去活来的并不多，真正能白头偕老的有情人，往往是那些懂得宽容对方错误的人，他们爱对方要胜过于爱自己。

★让爱在平淡中渐渐升华

走进婚姻之后，由于长相厮守彼此的神秘感逐渐消失，取而代之的是日常琐事无所不在的侵袭。慢慢地，爱情就演化成相依相携的亲情，虽然平淡如水但却血肉相连。

感情专家告诉我们：爱情如果不落到穿衣、吃饭、睡觉、数钱这些实实在在的生活中去，是不会长久的。

如此说来，要想幸福，我们就得彼此适应，同时更要适应平淡的生活，而不是渴望虚幻的浪漫。

★婚姻需要两个人悉心经营

有些人在从民政局拿到"一张红纸"之后，就认为万事大吉了，喜欢的人终于被自己"拿下"，往后可以坐享其成了。

这样的想法实在是极不明智的。他们忽略了幸福婚姻中最重要的一点：婚姻不是一个人的事，而是需要两个人共同努力去经营的。当然，怎样去维系一段美好的婚姻，让爱情之花在婚姻中依旧灿烂，让幸福之果在婚姻里依旧甜蜜，是人类永恒的追求。

爱与被爱，让我们享受婚姻生活的甜蜜与幸福。只有当我们抱着一颗勇于奉献的爱心，付诸在彼此身上，我们的心才会温暖，我们的爱才会绵长。因此，要想让爱情永远保鲜，让婚姻永远幸福，那么我们就不要吝惜自己的付出，而应把我们的爱无私地奉献出来，这样，我们的婚姻旅程才会艳阳高照，温暖如春。

学会赞美，丈夫的爱触手可及

生活中我们常常听到或者看到一些妻子习惯性地向自己的丈夫泼冷水，比如用带着不屑的语调说："你会成功？哼！我看连猪都能上树。"相信说出这种话的妻子必然是一个缺乏智慧之人，这样说也必将使两个人的关系更加恶劣。

因为在很多时候，男人其实只是一个长着胡子的孩子。不管外表看起来如何坚强，其内心也是有柔软脆弱的地方的。这时候，就需要妻子的安慰和体贴，也需要妻子肯定的言语来激励。

所以说，聪明的女人，会收起自己的挖苦；更聪明的女人，还会不吝惜自己对丈夫的赞美。在他拖着疲惫的步伐回到家里时，真诚地对他说一声："你辛苦了。"这会让他感到温暖和幸福，让他的疲劳消失殆尽。你简短的一句话，表达的是对老公的理解、尊重和深深的爱、浓浓的情。

在男人取得一点成就时，你不妨真诚地赞美他、夸奖他；当他用宽阔的肩膀为自己遮风挡雨时，你不妨温情地对他说一声"谢谢"，谢谢他给自己的爱，谢谢他在风雨中陪自己一起前行。

一个聪明的妻子，绝不会对丈夫有这样那样的挑剔，也不会拿他和谁谁谁比较,更不会在他失意的时候发牢骚,而应该多给他鼓励,多表示你的欣赏。

因为她们知道,当男人受到妻子的赞美,他的心里将会产生一股强大的力量,他不但会觉得自己有一个善解人意的好妻子,而且还会鼓起勇气面对日复一日的挑战。

丹尼尔在战争中受了伤,他的一条腿有点残疾,而且瘢痕累累。但幸运的是,他仍然能够享受他最喜欢的运动——游泳。

有一个星期天,也就是他出院以后不久,他和他的太太去海滩度假。在做了简单的冲浪运动以后,丹尼尔先生在沙滩上享受日光浴。不久,他发现大家都在注视他。从前他并没有在意过自己这条满是伤痕的腿,但是现在他知道这条腿太显眼了。

到了第二个星期天,太太提议再到海滩去度假。但是丹尼尔拒绝了,他说不想去海滩,宁愿待在家里。他太太的想法却不一样。"我知道你为什么不想去海边,丹尼尔,"她说,"你开始对你腿上的疤痕产生自卑了。"

"我承认我太太的话说出了我的心理,"丹尼尔先生说,"然后她向我说了一些我一辈子也不会忘记的话,这些话使我的心里充满了喜悦。她说:'丹尼尔,你腿上的那些伤疤正是你勇气的徽章。是你的勇敢,赢得这些疤痕,它们是你的光荣。不要想办法把它们隐藏起来,而是要记住你是怎样得到它们的,而且你一定要骄傲地带着它们。现在走吧,让我们一起去游泳。'"

丹尼尔同意太太的说法,他的太太消除了他心中的阴影,甚至让他有更好的开始。

海滩上的人围着他,有个小男孩以一种无法想象的眼神看着他。

"我可以摸你的腿吗?"小男孩问。

"可以。"

小男孩触摸丹尼尔腿上的伤痕，"一定很痛吧?"

"是啊,可是我们打胜这场仗了。"

丹尼尔的身边响起掌声,他们尊敬他,称呼他"英雄"。

丹尼尔的太太用真诚的赞美换来了丈夫的勇气,如果没有她的赞美,丹尼尔恐怕永远都为自己的残疾不敢去"游泳"。可见,男人需要赞美,特别是来自妻子的赞美,这赞美可以生出无穷的力量,在使他身心愉悦的同时,使他有勇气去面对更大的困难和更多的问题。

然而遗憾的是,生活中有很多女人一心只想要自己的丈夫去做超过他本身能力范围的事,而成为她们自己理想中的那个人,而不会去照顾到丈夫的身心状态和心里的想法。这种女人总是渴望比某某人的家里更富有,想住豪宅,开名车,穿名牌,可是最后的结果往往是她们的丈夫不得不放弃她们,因为他们永远没有办法满足她们无止境的需求和欲望。

★不要忘记对日常小事表示感谢

当丈夫拖着疲惫的步伐回家时,妻子不妨真诚地对他说一声:"辛苦了。"这会让他感到温暖和幸福,让他的疲劳消失殆尽。所以,不要小瞧这短短的一句话,因为这句话里,表达的可是你对他的爱与理解。

当他为你购置了一件你一直喜欢却不舍得花钱买的新衣服时,记的表达出你的感激之情。

当他为了让你得到休息,而单独陪孩子玩了一天之后,也不要忘了多给他一些称赞,夸夸他这个能干的老爸。

在这些慢慢积累的小小感激之中,你们感情的大厦也会越发地牢固。既然如此,亲爱的女性朋友们,就赶紧行动起来吧!

★不给男人施压,让他找到理想中的自己

美国一位两性专栏作家曾说:"每个男人内心事实上都住着两个灵魂,一个是现实的、现在的他,也就是真正的自己;另一个则是理想中的自己。"然而,只有聪明有智慧的女人,才能将这两个灵魂合二为一。

作为妻子,最大的职责就是帮助丈夫成为他理想中的自己。而要做到这一点,是需要一定的智慧的。简单说来,就是不要给男人压力,让他感觉因为你的存在他变得很放松,他的心里会庆幸自己找到了一个好妻子,同时他也会更加努力地面对生活和工作中的风风雨雨。

其实,对男人而言,当从妻子的嘴里听到一句温暖的话,可以在很大程度上改变他对自己的看法,甚至使他对生命产生全新的看法,产生无比的力量。所以,我们要谨记:好老公是夸出来的。只有毫不吝惜地赞美他,让他深刻感受到你的爱意与体贴,让他在你的赞美中觉醒奋起,你们的婚姻才会更加牢固,生活才会更加幸福和美满。

别和妻子太"讲理"

"有理走遍天下,无理寸步难行"被崇尚"理"的人们奉为圭臬,同时也成为人们对于一个人讲理与否的评判法则。而是否讲理也是人和动物的重要区别。

尽管"讲理"如此重要,但有一个地方却未必行得通,那就是家里,具体到没法讲理的对象,就是妻子。

在我们周围,不难发现这样的男人,他能够在外面指点江山,激扬文字,听者莫不折服,但当走进家里,在面对妻子的时候,即使说尽天地间的大道理,都不能使之听进去,更别说认同和赞许了。

归根结底，都是因为家不是讲理的地方，因为爱人之间有比理更大的东西，就是"情"和"爱"。

本来两个八竿子打不着，家庭背景、生活方式也很不同的人，能够成为世界上最亲密的终身伴侣，正是因为"情"与"爱"。在它的"作用"下，两个人组建家庭，彼此扶持，一路相携，同时人类的文明才得以展开和延续。但是，无论人类如何发展和进步，都始终无法改变最基本的"结合要素"——爱。

曾经有一位38岁的职业女性，在一家外企做人力资源总监。平时，她待人谦和，处理问题是非分明、条理清晰。可是，一到自己家里，特别是在自己丈夫面前，她却经常忍不住发脾气，有时候居然莫名其妙地就和丈夫怄气。起初，丈夫对于她的行为很不理解，就半开玩笑地说："你这么明白的一个人，怎么就是跟我不讲理呢?"她张口就回道："我不跟你发脾气，你让我跟谁发去?"

相信正在读这本书的女性朋友看到这里会心生同感，自己不也经常这样对丈夫"无理"吗?

这种做法看起来有些刁蛮和任性，但女人毕竟是感性动物，尤其在自己的丈夫面前更容易暴露自己最真实的一面。这时候，如果丈夫不依不饶地跟妻子争辩起来，势必导致夫妻不睦，关系紧张。

因此，作为丈夫，如果爱你的妻子，就要懂得在她"不讲理"的时候宽容一些。这也是一个丈夫走向婚姻圣坛的重要一课。

陈松和妻子结婚10年了，几乎从没吵过架，甚至连一句伤感情的话都没说过。当然，牙齿难免碰到嘴唇，他们偶尔也有不和谐的时候，比如生闷气，你不理我，我也不理你，结果弄得两个人都很疲惫，使得整个家也是毫无生气。

对于这种气氛，陈松很不喜欢，并且试图改变，所以慢慢地他就学会了"缴械"，后来再遇到什么彼此之间不理解的事情，总是他举白旗、用所有能够想到的表白方式向妻子承认是自己错了。即使最郁闷的时候，陈松也只是从家里跑到办公室安静地坐一会儿，然后情绪也就跟着烟消云散了。

其实陈松心里很清楚，大多数时候，并不是自己真的做错了什么，只是他觉得和妻子没必要弄个谁对谁错，谁是谁非；如果那样较真起来，很容易导致双方关系紧张，影响感情的培养。

在陈松看来，当夫妻二人意见不一致的时候，对和错是一回事，而要不要去分辨个谁对谁错则是另外一回事。

基于这样的考虑，陈松每次和妻子闹矛盾，即使明明知道自己有时候是对的，也会装糊涂，而不去计较。等妻子冷静下来之后，自然会反思导致矛盾的症结所在，当她感觉出丈夫原来是包容自己、疼爱自己的时候，怎么能不心生感激呢？

其实，不去和妻子"讲理"并不是说这样的丈夫没有是非观，而是因为分清这样的是非实在没有多大意义。就像陈松跟朋友说的那样："自己对了怎么样，爱人错了又怎么样，饭还要正常吃，日子还要正常过，两个人还是要在一个屋檐下生活。"

正是凭借着这样的"觉悟"，陈松和妻子相濡以沫，恩恩爱爱走过了这么多年。

不难理解，两个原来没有一起生活过的人一旦一起生活，难免会在某些方面彼此觉得不适应，甚至觉得对方不可理喻。这时候，如果非要去坚持自己的观点，非要跟对方"讲理"的话，那么矛盾就会升级，感情就会留下或大或小的伤痕。

因为吵架是最伤害感情的，即便是你占了理，而且你最终把理讲清了，你觉得你赢了，但实际上你还是输了，因为你输了妻子的心。长此以往,夫妻关系必然越来越冷漠,原本存在的爱也会逐渐减少,原本可以幸福美满的婚姻也可能因此而走向分道扬镳的岔路口。

因此,我们不妨学学故事中的陈松,遇到和妻子意见不一的时候,即使自己占理,也没必要和妻子辩个是非曲直,而是适当地认个"错",或者自己找个途径消化一下情绪,原本可能发生的"家庭大战"便化于无形之中了。

看到这里,或许男性读者们会感到不平衡了。可是我们要告诉大家,家是用"情"组成而不是用"理"组成的,换句话说,家根本就不是算账的地方,因为夫妻之间根本没有绝对平等的条约。如果你非要弄个青红皂白,那分明就是和"情"过不去,也可以说你不够爱这个家。

夫妻之间彼此需要爱,需要相互的理解与支持,需要一种默契与宽容。身为家庭中的一员,我们要承担起一份家庭的责任,努力为妻子和儿女做自己应该做和能够做的就可以了,而不需要哪个法官来评判,不需要太多的语言做解释,更不需要新闻公布。在这个没有公平定式的小圈子里,你需要不断地付出爱,也要不断地享受爱,在一次次小小的摩擦与碰撞中,不断理解和感受婚姻生活的快乐,这才是家的真正含义。

★多看妻子好的地方

俗话说,人无完人。作为你的妻子自然也不例外。如果你整天对她横挑鼻子竖挑眼,凡事非要和她争辩出个青红皂白,那么就容易让家燃起硝烟战火,幸福也就无从谈起了。所以,在平时生活中,作为丈夫,还要多看看妻子好的地方,比如她虽然没有如花似玉的容貌,但有温和善良的态度;她虽然不能在职场上走出一道风景,但她可以把家打理得井井有条……当这样去想的时候,你会发现,原来自己的妻子如此优秀,如此值得自己去爱。

★拥有"和稀泥"的达观心态

都说男人是泥做的,女人是水做的。那这么说来,男女的结合不过是"和稀泥"。当然这只是一句玩笑,可其中也包含着我们所倡导的别去太计较、太在意的意思。

如果我们把婚姻看作两个伙伴一起搭伙过日子,两个人有着共同的利益,共同的目标,那么有一些小问题也就没必要去斤斤计较了。

倘若不认同"和稀泥"的观点,总是抱着"眼里揉不得半点沙子"的想法,那么很可能到头来弄得对方很累,自己也疲惫。可以说,这种做法分明是用惩罚对方的方式来惩罚自己,结果自然是两败俱伤,没有赢家。

既然如此,我们何不抱着"和稀泥"的超脱与达观,把夫妻共同生活当做一场过家家,这样便能水乳交融,你中有我,我中有你。

★学会妥协

有一句话说得特别好:"婚前擦亮双眼,婚后睁一只眼闭一只眼。"很多人在选择伴侣的时候,都会应了前半句话,恨不得找个无影灯把他照出原形才好。可真正值得借鉴的,则应该是后半句话。在没有犯原则性错误和大方向保持一致的前提下,那些无聊的琐事,就睁一只眼闭一只眼好了。

不要因为爱人与你的习惯不同或想法不同就认为他是不爱你的,这便是对爱的一种宽容。这种宽容从某种意义上说,也是一种妥协,它不会伤害你一分一毫,更不会因为你的妥协让你失去自尊和人格。在适当的时候,尊重另外一个独立个体的本色,在矛盾中寻求统一,在统一中化解矛盾,让爱情在螺旋上升中得到升华,这才是赢得幸福的明智之举。

聪明的男人都不会和自己的女人讲理。因为他们知道,和妻子根本讲不出理来,诚如每一株玫瑰都有刺,在每一个人的性格中,都有自己不能容忍的部分;爱护一朵玫瑰,并不是一定要把它的刺根除,而是学习着如何不被它的刺所伤,以及如何不让自己的刺,刺伤心爱的人。

事实上，爱情需要适当的土壤才能不断生长，而夫妻之间的互相包容就是最好的养分。相反，当夫妻之间开始据理力争时，爱情的土壤就会变成寸草难生的盐碱地了。

金无足赤，人无完人

我国民间有句俗话叫"金无足赤，人无完人"，说的是没有金子是百分之百纯的，也没有人是百分之百完美的。同时，我们还常听到这样一句话，即"没有遗憾的人生才最遗憾的"。

我们暂且不去讨论有没有没有遗憾的人生，单单就这句话而言，就可以看出人生是需要"遗憾"的。这其实不难理解，试想一下，如果没有"惆怅阶前红牡丹，晚来唯有几枝残"的遗憾，又怎么会有古人夜里秉烛赏花的美感呢？

就好比很多时候我们总是遗憾美梦没能成真，岂不知如果所有的梦想都实现了，我们活着的意义也就荡然无存了。

我们的感情也是如此。不是有那么一句话嘛：婚前用显微镜看对方的缺点，婚后拿放大镜看对方的优点。

当在一起生活久了，彼此的很多缺点也就会暴露于自己眼皮子底下。如果总是盯着对方的缺点不放，那么感情就会生出疙瘩。而只有多看对方的优点，少看对方的缺点，才能彼此包容，彼此温暖。

换个角度来看，不是完人本身又何尝不是一种美呢？有谁会质疑断臂的维纳斯不美呢?正所谓"尺之木必有节,寸之玉必有瑕",万事万物,难有十全十美。说到底,关键在于我们怎么看待自己的另一半。

曾晓芸是个温婉贤淑的女子,周围的人对她的评价是精明能干、贤妻良母。可以说,她是家里家外的一把好手。

可是,她的老公孙威却是个有些挑剔的人,凡事都会看到曾晓芸做得不好的一面,而不去关注她做得好的地方。

比如,曾晓芸为了给孩子记录成长日记,花费了很多精力建了博客,并利用中午或者晚上的机会做一些记录。可孙威有一次发现曾晓芸把孩子成长过程中一件很重要的事给落下了,就表示起不满来。

他认为,只要承担了给孩子记录博客的责任,就要把它完成好,特别是一些重要事情更是不能有丝毫疏忽。

面对这样一个爱挑剔的丈夫,曾晓芸很是无奈。可是她一想到丈夫对家、对孩子认真负责的态度就觉得可以包容他,只是她心里承受了很多的苦楚。

不可否认,生活中的确有一些丈夫或者妻子过分挑剔,他们渴求完美,对自己严格要求的同时,也要求对方完全达到自己的预期,如果达不到,他们心里就会产生落差,从而对对方报以冷语。

这种情况下,如果另一半有足够包容的耐心和韧性还好,否则婚姻生活肯定难以幸福,甚至无法维系。

关于这一点,有个很耐人寻味的故事,我们一起来看看:

一个渔夫到大海里撒网捕鱼,有一天他竟然捞上来一颗晶莹圆润的珍珠。渔夫高兴极了,反反复复,仔仔细细地端详着这颗珍珠,爱不释手。

看着看着,渔夫觉得有点不对劲,原来,他发现这颗珍珠上面有一个很小的小黑点。正是这个小黑点,让渔夫本来激动的心一下子冷却下来。

为了去掉这个小黑点,渔夫不停地磨珍珠,黑点一点点地被磨掉了,可是珍珠也慢慢地变小了，直到黑点被完全磨去，珍珠也不复存在了。

看到这里，我们不禁为这个渔夫感到遗憾，甚至会觉得他好傻。

其实，任何一种追求极致完美的做法和渔夫的愚行是没有什么区别的，原本可以获得一定成果，却因为对于完美的过度追求而导致一无所获。这时候的遗憾，是不是比当初"黑点"所带来的遗憾高出一千倍一万倍呢？

一位作家说得好："生活是由幸福和痛苦组成的一串念珠。"是啊，构成我们生活的不会只有幸福，也不会只有痛苦。我们的感情也是如此：也许你的爱人不够漂亮，但是她却是职场上的一把好手；也许你的爱人没有太多钱财，但他却懂得体贴和温存……如果我们总把眼光盯着对方的不足之处，那么我们眼里看到的就是那个和自己的理想相去甚远的对象。相反，如果我们多看对方的优点，那么有些东西我们虽然一时难以改变，但我们如果一味地沉浸在由此造成的苦闷中，那么只会错过生活中很多带我们走向明媚春天的机会，那样我们就更加难以看到生活中的希望。

因此，我们不要去苛求完美。一个完美的人，从某种意义上来说，他也是一个可怜的人，他不能体会到追求时那种有所希冀的感觉。正因为完美，他无法体会到得到了一直追求的东西的那种喜悦。杰出的科学家霍金是个全身瘫痪的残疾人，伟大的音乐家贝多芬失聪，然而他们的一生，却是辉煌灿烂的一生。

十全十美的东西是不存在的，正像苏东坡的那句："人有悲欢离合，月有阴晴圆缺，此事古难全"。其实我们应该感谢这种残缺，正是因为有了悲欢离合，我们才会懂得去珍惜现在所拥有的；正是因为有了阴晴圆缺，月亮才能更加妩媚动人。同样，美丽的花儿有着丑陋的根，美丽的蝴蝶是由丑陋的毛毛虫变来的。

★少责备对方，多反省自己

步入婚姻的围城之后，每天油盐酱醋茶的平淡，少了激情，没了浪漫，于是开始了责备和争吵,开始了渴望得到和自己付出对等的回报。

可是,越想得到回报越难实现,也就越来越失望,最后就变得失去耐心,变得灰心丧气。

于是,不由得责备对方,为什么不像婚前那样对自己好?为什么把自己折磨成现在的样子?为什么……

类似的现象在每个家庭中几乎都会或多或少地出现。看得出,很多时候我们是把问题指向了对方,认为是对方给自己带来的痛苦和麻烦。

如果对方能够包容和理解自己,还好说,但若是对方也觉得自己没错,那么矛盾就会越激越大了。

其实,现实中极少有不闹矛盾不吵架的夫妻,但是对于婚姻中存在的大大小小的问题,我们不应该只觉得是对方的错,而应该多反省自己。这样,我们就会从自己身上找到一些不足,对对方包容。

当爱人感受到来自妻子或丈夫的包容,那么他(她)也会心存感激,以后也就不那么爱指责了。

★拥有豁达的心态,珍惜当下的生活

"和你结婚的那个人,往往不是你最爱的那一个",不知道是谁最先说出了这句话,但无数事实证明,这绝对是个充满智慧的超强分析总结能力的家伙。

但是,既然缘分把我们安排到了另一条轨道,那么我们就该把曾经的遗憾淡忘,即使不能淡忘也要深藏起来,多看看眼前的人和眼前的生活,学会遗忘,学会珍惜。

事实上,万事万物,难有十全十美。相爱的人不能长相厮守,这无疑是一件遗憾的事情,然而恰恰是因为有这种距离,彼此才能把爱情永放心间,永远在对方心中留下最美丽的回忆。在品味这种缺憾之美时,有苦也有甜,这又何尝不是一种凄凉的美呢?

同样,两个共同生活的夫妻,各自也都会存在这样那样的不足,如果我们能够以豁达的心态,包容对方的不足之处,不仅爱他(她)的优点,也能接受他(她)的缺点,这样的爱才是成熟的爱,才是智慧的爱!

第十二章

发自内心赞赏孩子那些闪光点
——学会用欣赏的眼光看孩子

　　欣赏是开发孩子潜能的利器，是引导孩子攀上成功之巅的阶梯，是造就天才的天堂。每个幼小的生命仿佛都是为了得到赏识而来到人间的。事实上，每一个孩子都有很多可取之处，他们每天都在争取着或大或小的进步。而父母的夸奖在这里则起着"催化剂"的作用。你的孩子无法做到十全十美，但你一定要看到他的每一个闪光点、每一个进步，支持、激励他能以良好的心态去迎接每一次挑战。

如果你爱孩子，首先你要欣赏他

字典里关于欣赏是这样定义的：欣赏就是认识到别人的才能或价值而予以重视、肯定或赞扬。

我们也可以说，人生最大的快乐，莫过于自己的才能或价值被重视或赞扬；同样的，人生最大的痛苦，莫过于自己的才能或价值被埋没。

当然，对于孩子来讲更是如此！孩子真正需要的是赏识，孩子最渴望的也是赏识。赏识是开发孩子潜能的武器，赏识是引导孩子攀上成功之巅的阶梯，是造就天才的天堂。

程建国是"老三届"毕业生，大半辈子都坐着棉纺厂工人的工作。但是，他凭着特殊的教育方式，把双耳失聪的儿子程铎培养成一个优秀的人才。

当人们问起程建国的教育方式时，他都会给出这样的答案："最重要的是多去发现孩子的优点，并多给孩子鼓励和赞美。"

关于这一点，程建国向亲戚朋友们讲过这样一件事：

程铎8岁那年，我给他出了5道应用题，结果他只做对了一道。

我心里有些不是滋味，心想着如果孩子耳聪目明，肯定不会是现在这个样子。不过我也没有彻底失望，因为他毕竟还做对了一道。

那个时候，我的脑海里浮现出美国电影《师生情》中那位优秀的白人教师：他的学生里有受到种族歧视的黑人孩子，但他从不把他们和白人孩子划分"界限"，而是时时刻刻鼓励他们。

一次，他对一个因为成绩很差而懊恼的黑人孩子说："孩子，老师相信你是世界上最好的孩子，不信你仔细数数，老师这只手究竟有几个手指？"

黑人孩子半信半疑地望着老师，羞怯怯地数了几次，然后告诉老师"3个"。

这位白人老师说："太好了，太了不起了，你是一个聪明的孩子，一共不就少数了两个嘛！"

此时，只见黑人孩子的眼睛里闪烁着亮亮的光芒。虽然他数得不对，但他却一下子找到了自己作为"聪明孩子"的感觉，尝到了成功的滋味。

当我想到这里，就安慰自己，虽然儿子只做对了一道题，但我也应该表扬他，于是我对他说："简直不可思议，这么小的年龄做这么难的题，第一次就做对了一道，像你这个年龄，这么难的题，爸爸碰都不敢碰。"程铎顿时对数学的兴趣倍增。

正是用这样的方式，程建国培养出了一个成绩优异，令人敬佩的好孩子。

不难看出，程铎的成就都是父亲程建国坚持欣赏教育的硕果。

我们同样作为父母，当面对孩子的时候，我们应该好好想想这个事例带给我们的启示。其实，对孩子来讲，他们最需要的莫过于父母的欣赏和夸赞。

中国青少年研究中心副主任孙云晓在一次讲座上给父母布置了"暑假作业"："你今天回家去发现一个孩子的优点，能够发现10个的，是优秀的父母，能够发现5个的，是合格的父母，不能发现的，是不合格的父母。"著名儿童教育家"知心姐姐"卢群，她在演讲中也反复强调，要多夸孩子，有孩子的父母要反复跟孩子说："宝贝，你真棒！"可见，赏识孩子应该是最好的教育方式；学会夸奖自己的孩子，是每个父母必须学会的教育方式。因此，当你的孩子有点滴进步时，你一定不要忘记夸奖他，这样会让孩子增强自信心，使孩子获得成就感。

可以说，欣赏教育是给予孩子肯定的教育，是承认差异、允许失败的教育，是充满人情味和生命力的教育，是让孩子热爱生命、热爱时代、热爱大自然的教育，是让所有孩子欢乐成长的教育。

曾有一位国外心理学家做过一个实验，他把100多名四年级和五年级的学生分成四个组，在不同诱因的情况下，让他们进行加法练习，每天15分钟，共进行5天。

第一组孩子是受到表扬和激励的，也就是每一次做完后都给予表扬和鼓励；

第二组孩子是受训斥的一组，也就是每次做完练习，心理学家都要对他们严加训斥；

第三组是接受观察的小组，也就是每次做完练习，既不会得到表扬，也不会得到批评，只让他们静听其他两组的表扬和批评情况；

第四组是接受控制的一组，也就是让他们和另外三组学生隔离，单独练习，老师及心理学家不会给他们任何评价。

5天过后，心理学家得到了这样的结果：就学习的平均成绩来看，前三个小组孩子们的成绩都比最后一组好；受到表扬的一组和受到训斥的一组又比观察组的孩子们成绩好；受表扬组孩子们的成绩呈不断上升趋势，受训斥组则忽高忽低。

这表明，适当表扬的效果明显优于批评。从这个小实验，我们应该得到这样的启示：对孩子赏识，孩子会用优异的表现来回报你的赏识。所以我们应该友善地对待每一个孩子，尝试着去宽恕他们的失误，去了解他们的努力，保护孩子的自尊心和自信心。因为欣赏和关爱是孩子进步的基础。

★告诉孩子,他还有更多的优点

有些孩子之所以自卑，是因为他们的视线集中在缺点之上，对自己的优点视而不见。这个时候，父母就应该告诉他："孩子，我发现你唱歌很不错,很有当歌星的潜质!""乖儿子,你的足球踢得很棒呢,将来一定是个足球明星!"

这样一来,孩子的视线就会得到转移,开始审视自己的优点。当他发现父母说得没错时,自卑的情绪自然一扫而光。

★不对孩子说否定的习惯用语

也许在过去,你总是习惯否定孩子,例如"你看看人家,你怎么就这么不争气!""这次成绩这么高,是不是抄袭别人的?"那么现在你就应该强行戒除。因为这样的语言,会对孩子造成巨大打击,让他们认为:爸爸妈妈说得没错,我怎么可能是个优秀的孩子?这样一来,孩子即使不想自卑,也不得不自卑!

★做到相信孩子和鼓励孩子

只有得到来自父母的信任,孩子心里才会有种踏实感和安全感。同时,由于孩子好奇心强,什么事都愿意自己去做,但有时做得并不好,这时候父母不要指责孩子,而应多给孩子一些鼓励。当孩子把事情做好之后,父母的信任与鼓励会无形中增强他的自信心。

1975 年母亲节时,在哈佛大学就读的比尔·盖茨给母亲寄了一张贺卡,他在卡上写道:"你总在我干的事情里寻找值得赞扬的地方,我怀念和你在一起的时光。"当人们问起这段话的意思的时候,比尔·盖茨自豪地说:"我一切的成功都源于我母亲对我的信任。"

比尔·盖茨正是因为有这样一位懂得欣赏和赞扬自己的好妈妈,才成为世界上独一无二的天才电脑专家。

一位家庭教育专家这样说过,教育的奥秘在于坚信孩子"行"。其实,孩子的内心深处最强烈的需求和成年人是一样的,也就是渴望得到别人的赏识和肯定。

作为父母,自始至终给孩子前进的信心和力量,哪怕是一次不经意的表扬，一个小小的鼓励，都会让孩子激动好长时间，甚至会改变人生面貌。

所以说，学会赏识应当是每个父母的座右铭。哪怕所有人都看不起我们的孩子，我们作为父母都应该发自内心地欣赏他、鼓励他、赞美他，为他感到骄傲和自豪。只有这样，孩子才能从内心相信"我能行"，才会不惧困难，一往无前。

表扬和夸赞是孩子进步的阶梯

著名心理学家桑代克认为，赏识、奖励能加强行为，惩罚则会减弱行为，两者的作用是对应的。很简单的一句话道出了"赏识教育"的核心！

就精神生活而言，每个幼小生命似乎都是为了得到赏识而来到这个世界，他们中的任何一个，都不想为了挨骂而活着。

其实，不用说幼小的孩子，即使我们成年人，不也都愿意自己的领导、朋友、家人能够表扬和夸赞自己吗？而我们也愿意和这样的人一起工作，一起生活。

对孩子而言亦是如此。如果他们从周围人那里获得的多是积极的、肯定的评价，那么他们就会觉得自己能行，就会在生活中树立起自信心。反之，如果他得到的尽是一些消极的评价，比如批评、指责或者大骂等等，孩子就会觉得自己真是一无是处，从而心理出现自卑感、无能感。

两相比较，哪种孩子更有出息恐怕一目了然了吧！

聪聪放学后慢慢腾腾地往家走，同学皮皮拉着他说："聪聪，你怎么了啊?垂头丧气的。"

皮皮是聪聪的好朋友,两个孩子从小在一个幼儿园,现在读小学了又是同学,关系非常要好。聪聪说:"你怎么一点都不在乎啊?今天发表期中考试的成绩,我数学还是没及格,考了55分。回家又要遭受妈妈'轰炸'了,我最怕我妈批评我。"

皮皮笑着说:"你可真是胆小,你数学不是一直不好吗?我记得你以前都是打30多分,和我的语文成绩差不多,你妈妈都应该习惯了。我这次语文考了47分,嘿嘿,比以前又进步了呢,下次我要争取及格。"

聪聪回家后对妈妈说了考试的情况,妈妈表情里有"恨铁不成钢"的气愤和埋怨,也有点哀伤。她说:"聪聪,你什么时候能给妈妈争口气啊?你的数学成绩一学期多了从来没及格过,除了30多分就是50多分。你比别人笨吗?我看你就是懒惰,学习不认真。你看看舅舅家的表弟,人家还比你小呢,每次考试都是班上的前三名。现在社会的竞争压力特别大,你不用功学习努力考个好大学,以后后悔都来不及啊!"

聪聪不耐烦地听着妈妈的话,这些话他已经能背下来了。每次妈妈批评他都是这些,除了和舅舅家的表弟比较就是以后如何如何。看妈妈还要说下去,他小声地反驳道:"妈妈,我最近一直在努力学数学,而且这次考试我进步了挺多呢!人家皮皮语文成绩也不及格,他爸爸妈妈还夸奖他有进步了呢!"

妈妈的"轰炸"终于来了,她生气地指着聪聪说:"你还知道辩解了!考试不及格你还有理了?我和你爸爸辛苦供你上学,你看你答那点分对得起我们吗?你怎么不和学习好的孩子比呢?要我夸奖你,你也得有值得我们夸奖的地方啊……"

聪聪此刻只能低着头,默默地接受着"暴风雨"。

我们很难相信案例中的聪聪能在学习上建立什么自信,估计孩子的成绩也很难会有什么起色。案例中这个妈妈的做法怎么能帮孩子建立起自信，给孩子以学习的动力呢？

事实上，每一个孩子都有很多可取之处，他们每天都在争取或大或小的进步。能否将这些进步持续下去、扩大下去，从而建立起自信心去取得更大的成绩，是决定孩子能否取得成功的"量的积累"。而父母的夸奖在这里则起着"催化剂"的作用。即使你的孩子无法做到十全十美，你也一定要看到他的每一个闪光点、每一个进步，支持他、激励他以良好的心态去做到更优秀。

清代的颜元先生就是一位深谙教育心理"适时夸奖"之妙的教育家，他留下的那句名言"数子十过，不如奖子一长"实在值得令我们咀嚼、体味。

可见，在一个孩子成长的历程中，得到夸奖是非常重要的，是能产生积极作用的。

我们作为父母，没有任何理由对孩子说泄气的话，因为在孩子心里，他们极其渴望父母发现自己身上的闪光点，能够为自己加油助威，哪怕跌倒一千次，也要坚信他们一千零一次能站起来，去争取更大的胜利。

可以说，表扬和夸赞，是孩子无形生命的阳光、空气和水，也是亲子沟通的桥梁，它会让孩子体验到"我是好孩子"的感觉，能还孩子美好的童年。

因此，请父母们记住：没有赏识，就没有好孩子，从现在开始学会夸赞你的孩子吧！

★伸出你的拇指，多多使用"拇指教育"

有位教育家这样说过："中国父母教育孩子的最大缺点就是'食指教育'，而西方的父母恰恰相反，他们常常用'拇指教育'。"

食指教育的意思是，父母经常用食指指责、批评孩子，总是说孩子这也不行，那也不对。而拇指教育就是，父母善于对孩子进行赏识教育，经常竖起大拇指夸奖自己的孩子。

一位爸爸希望自己女儿的绘画水平有更大的长进，于是帮她找了一位优秀的老师。第一次课程结束后，女儿兴冲冲地来见等候她的爸爸，说："老师说我画得很棒，老师还说我以后还会画得更好的！"对绘画略懂一二的爸爸接过女儿课堂上的作品后，皱了皱眉头，觉得没什么长进。他正要教导女儿，却转念一想，也许老师的夸奖是为了保护孩子的自尊心和积极性呢，我还是静观其变吧，不打击孩子了。

就这样，半年过后，女儿的绘画水平果然精进许多，看到女儿参展的作品后，父亲露出了欣慰的笑容。

赞美的力量是无穷大的，赞美所达到的效果是你永远也无法想象的。所以，父母们还是学着从赞美的角度去观察自己的孩子，用赞美的词汇肯定孩子，以给他们信心吧。

★鼓励不嫌多，表扬不限量

当看到孩子的优点之后，父母一定不要吝惜自己的赞美之词，要知道你用赞许的语言说出诸如此类的话："闺女，加油，相信你是最棒的。""别人能做到的，儿子你一定也能做到。""宝贝，妈妈为你骄傲。"这些话语就像助力器一样，为孩子注入了巨大的能量，使他精神饱满，坚定自信地生活和学习。

★巧用时机，间接的赞扬更有效

有时候，父母直接对孩子说夸奖的话反而没有间接夸奖来得有效。比如，在孩子在场的情况下，父母可以在和其他如亲戚、朋友或者邻居们聊天的时候，有意无意地提及孩子一些好的行为："我家闺女都能自己洗袜子了！""我儿子写字的时候可认真了，写得也很好呢！""我们家宝宝向来都是自己收拾玩具，很有调理的。"……这样的话，孩子可能故意装着不在意，依然在一旁玩自己的，但他的小耳朵却是张开的，当听到父母谈论自己的时候会不自觉地竖起耳朵来听。当他听到了对自己的表扬，表面无动于衷，其实心里早就"乐开了花"。

此外，父母们还可以借第三者之口，向孩子转述老师、亲戚、朋友等对他的夸奖，比如，"牛伯伯说你每次接电话时都会先说'你好'，真有礼貌"，"闫老师说你最近在课堂上的表现很积极"……总之，这些不露痕迹的表扬方式对孩子往往能起到双倍的好效果。

既然如此，父母们赶快行动起来吧！

用鼓励和赞美让孩子知道"我能"

前苏联的苏霍姆林斯基有本著作叫做《要相信孩子》，其中说道："孩子的心灵是敏感的，它是为着接受一切好的东西而敞开的。"

书中阐述了在相信孩子的基础上，多给孩子鼓励和赞美，会使孩子感受到自我价值的存在，以及自尊感和自立感的提升。这样，孩子就会在面对问题的时候，增强独立处理事物的积极性，从心底认为"我能"！

纽约贫民窟出生的罗尔斯，从小就是一个顽皮透顶的学生。逃学、打架、脏话连篇的他从不听从老师的教诲，甚至砸烂过教室的黑板，老师们对他都头疼不已。校长皮尔·保罗为此绞尽脑汁，却发现很多办法对他都无济于事。

善于观察的保罗最终还是发现了罗尔斯的一个特点，他虽然顽劣，但却很迷信。于是，保罗便在上课的时候增加了一个小活动，那就是给孩子们看手相,但活动的时间只限 10 分钟。每次孩子们似乎总是表现得意犹未尽,因为被校长看过手相的孩子似乎长大后都有着不凡的命运。活动很快吸引到了迷信的罗尔斯,他也很想知道自己的未来是什么样的,于是每天都按时到校,期待着可以很快轮到自己。

这一天终于到了,罗尔斯从窗户上跳下来,伸着小手走向校长保罗。"噢,天哪,一看你那修长的手指我就知道,你将来肯定是纽约州的州长。""这是真的吗?"罗尔斯觉得校长的话令他难以置信。"当然啦孩子,校长是从来不说假话的。"

信以为真的罗尔斯从此改正了自己的恶习,说话做事一板一眼,没有一天不是按照纽约州州长的标准来要求自己的。越来越出色的罗尔斯最终成为了美国纽约州第一任黑人州长。

所谓心有多大,舞台就有多大。罗尔斯的故事告诉我们,一句话,一件事都有可能改变孩子一生的命运,饱含信任的鼓励会激起孩子们奋发的斗志,无论成功与否,对孩子一生都将有所帮助。

有着美国现代教育之父称谓的卡耐基曾说过:"若须给他人纠错,就以赞扬的方式开始。用赞扬的方式开始,就好像牙医用麻醉剂一样,病人仍然会受钻牙之苦,但麻醉即能消除苦痛。"

与惩罚式教育相比,欣赏和赞美的教育方法,就是把外压式的强制教育转变为内调式的自我教育。对于砸黑板的罗尔斯来说,对他采取适当的惩罚来进行教育是有理有据,合情合理的,他会心服口服地接受。但如果孩子因为犯错而得到的是心灵的施暴,那么他的心里就会留下阴影,难以祛除。

罗尔斯的校长没有采用惩罚教育,而是通过赏识他的进步,用罗尔斯身上的优点来战胜自身的缺点,让缺点或错误自行消退。这就是鼓励和赞扬的魅力。

苏霍姆林斯基曾讲过："对于孩子，只有当你说他好的时候，他才会好起来。"

一项关于教育方式的研究曾引起许多业内人士的关注，研究表明，孩子经常受到家长夸奖和很少受到家长夸奖的，其成才率前者比后者高5倍。其中的奥秘就在于经常受到夸奖的孩子往往具有高度的自信心，从而能轻松面对所遇到的各种困难。

在一些家长看来，孩子很少有做对的事情。其实所谓"做对的事情"，是相对于孩子的既定目标而言的。当孩子完成了自己设定的目标，或者和过去相比有了进步，这些就是孩子做对的事情。夸奖孩子的意义就在于此，积极地评价孩子的每一个进步，而不是只看到孩子取得的最终成绩。只有这样，孩子才能逐渐肯定自己，相信自己，超越自己，变得更加优秀。

事实上，成功父母与失败父母的区别正是：前者会把孩子对的东西挑出来，后者总是一眼就看到孩子的缺点。

作为家长，要想让我们的孩子成为一个积极、坚强、活泼、健康的好孩子，我们就要时刻关注他们的每一个小小的闪光点，并及时夸奖和鼓励，让孩子带着成就感和自信心迎接未来的新的挑战。

★表扬不可"打折扣"

夸奖虽然重要，但夸孩子也要把握一个"度"，如果父母滥用夸奖，那么很可能会让孩子对父母的表扬动机产生怀疑，进而怀疑自己的能力，不利于孩子真正形成自信心。并且，不切实际的夸奖会严重影响孩子的自我评价、定位和心理健康。

有些家长在孩子众多的群体里，大夸自己的孩子如何如何好，不切实际地"吹牛皮"，这样会让孩子有一种人人都不如自己的感觉。而当真正面对问题的时候，孩子往往会不知所措、灰心丧气甚至弄虚作假，做表面文章。其实这样的孩子的心理是严重缺乏自我信任感的，他们甚至无法准确地给自己定位:我行吗?我能做好吗?这就是缺乏自信的表现。

还有的家长完全是为了自己的面子，当着孩子的面在别人面前胡乱夸奖。孩子会想我真的是父母所说的那样,到后来孩子自己也不知道什么是好,什么是不好,这样,孩子就容易变得怯懦,畏首畏尾,是很难取得真正的进步的。

★掌握好表扬的"比较艺术"

表扬孩子,可增强孩子的自信心,激励孩子更加上进。但夸奖也要讲究方法。我们在夸奖自己孩子的同时切忌贬低他人,这样将不利于孩子健康人格的形成。

在现实生活里,家长们在夸奖孩子的同时偶尔把自己的孩子和别的孩子做个横向比较,这是很正常的。每个孩子都有各自不同的优点,正确的横向比较应该能让孩子多看到别人的长处,多向别人学习。孩子往往会以家长对自己的评价来定位自己，如果家长看到的都是别的孩子的缺点和不足,借此来凸显自己孩子的优点,夸奖自己的孩子而贬低别人,那么,孩子就容易在心里形成一个"我比某某强"的暗示。长期下去会助长孩子的攀比和骄傲心理,形成盲目自负的性格。而自负完全不等同于自信,自负的孩子一旦遭遇挫折就会演变成为自卑。可见,这对孩子的健康成长是极为不利的。

★夸"聪明"不如夸"努力"

有这样一个测试,研究人员让一些幼儿园的孩子做了几道题,然后,对一半的孩子说:"答对了8道题,你们很聪明。"对另一半说:"答对了8道题,你们很努力。"接着给他们两种任务选择:一种是具有一定挑战性的,即可能出一些差错,但最终能学到新东西的任务;另一种容易完成,即孩子是有把握能做得非常好的。结果1/3的被夸赞聪明的孩子选择容易完成的;被夸赞努力的孩子90%选择了具有挑战性的任务。

诚然，聪明和努力都是孩子取得优异成绩的重要且必要的因素。作为父母，如何夸赞孩子的这两个因素是很值得推敲的。

正确的做法是，我们应将往昔对孩子"赞扬性"的教育，刻意转变为"鼓舞性"的激励，把"你真聪明"转变为"你真努力"。比如，当孩子堆砌一次积木时，这次成功是他努力的结果；而积木倒了，应鼓励他："只要再努力一次，你肯定会成功的……"最后的结论是："由于你的努力，你终于成功了！"

相信，通过这样的表扬，会让孩子既能面对自己的失败，又能重新鼓起勇气迎接新的挑战。他会觉得，只要我再努力一次就会成功！当孩子具备了这样的自信心，不也正是实现了父母们的教育目的吗？

发现孩子的潜力和优势

"每一位孩子都是天才，每一位孩子都拥有巨大的潜能。"一位教育学家如是说。然而，我们作为父母，却常常将孩子的潜能忽视掉。

这或许是因为，很多父母把精力放在了孩子平时对于课本知识的学习上，而不去关注孩子潜在的能力。如果我们把家庭教育分为两种，即知识型教育和能力型教育。那么这一类父母显然属于知识型教育，就是指平常所见的教育模式，注重知识的灌输，忽视技能的提高。这种教育往往导致孩子所学难以致用。而能力型教育则注重培养人格，培养直觉与灵性，善于发现孩子的长处。

　　牛顿看到苹果从树上掉下来,经过潜心研究,发现了地球引力。美国科学家贝尔看到相距遥远的两地传递消息不方便,通过多次实践,发明了电话;瓦特根据烧水时,蒸汽能把壶盖顶起的原理,最后发明了蒸汽机……家长们练就一双善于发现的慧眼是相当有必要的。发现了优点,能激发孩子们再接再厉,孩子们身上都存在着无穷无尽的潜力,就好像一座急待开采的金矿,父母们要及时发现和挖掘,并将其提炼成闪闪发光的金子。

　　平金涛的儿子今年8岁了。平时就是一个爱搞破坏的小"破坏王",什么东西到他的手里就没能完好地超过两天。平金涛的妻子对孩子的这个"毛病"很头疼。平金涛却很乐意给儿子买很多东西,鼓励儿子拆,可是,妻子不理解他的做法,认为这是在惯孩子,可是平金涛还是照买不误。

　　起初妻子很不理解,后来,平金涛给她解释了儿子为什么喜欢拆东西的原因。原来,小家伙在得到一个新玩具之后,总是很奇怪:小车为什么能自己跑;变形金刚为什么能发出声音;甚至连钟表为什么会走都想弄明白。最后,他居然连爸爸最喜欢的闹钟都给拆了,但是怎么也装不回去了。后来还是平金涛自己找了个修表的师傅把坏了的表给修好了。

　　但是,平金涛却从来不生气,儿子拆完的东西,弄不明白的,他还给予指导。于是在他的指导下,他的儿子变得越来越聪明了,连机械的基本原理都明白了,还说自己长大了要当一名工程师呢。

　　每个孩子其实都有许多优点,有的孩子可能美术方面擅长一些;有的孩子可能音乐方面擅长一些,还有的孩子喜欢自己做一些小东西;喜欢帮助别人等等。无论孩子在哪一方面比较擅长,这都算作是孩子的优点。在日常生活中,有些家长由于工作很忙,就没有时间来和孩子多接触。所以,孩子的一些优点就很容易被忽视,这样的父母是失职的。

　　有时候,家长会抱怨,自己的孩子没有特长和优点。其实,这是错误的,每个孩子都有自己的优点,只不过是家长们没有发现而已,或者错误地把它当作了缺点加以"改正"。于是有的家长就会把自己的孩子培养成一个平淡无奇的孩子，那么，自然就不会发现孩子的优点了。

这样，父母就会在不自觉中扼杀了孩子的潜质，这样做是十分不利于孩子的发展的。而善于发现孩子的优点，并帮助孩子发扬优点，是家长的天职。所以，作为父母，要做的就是，仔细地观察你的孩子，发现你的孩子身上存在的优点。

正如一位儿童教育家所说的：每个孩子至少存在十大优点。如果能发现十个，你就是一个优秀的父母；如果您能发现五个，你就是一个及格的父母；如果您一个都发现不了，那么您就该下岗了，因为您太不称职了，急需岗前培训。

一位作家说过："人人都是天才。"要想让孩子的潜能充分发挥出来，父母就要帮助孩子去发现和创造"我能行"、"我哪一方面最厉害"的自我认识和自我暗示。

事实上，没有天生愚笨的孩子，只有潜能没有被开发出来的孩子。因此，要想让孩子充分发挥自己的潜能，就需要我们做父母的多下工夫了。

正如德国著名教育家斯普朗格所说的："教育的最终目的不是传授已有的东西，而是要把别人的创造力诱导出来，将生命感、价值感唤醒。每个孩子都有不同的灵性，每个孩子都是正在不断进步的个体，教育的核心所在就是去唤醒。"

所以，望子成龙、望女成凤的父母们，一定要学会发现孩子的潜力和优势，你的孩子也是可造之材！

★智力和非智力因素要做到兼顾

要想充分发掘孩子的潜能，父母不要总把眼光死死盯住孩子的智力方面，更要努力发现孩子的非智力因素，如兴趣爱好、意志品质等。

★**认真挖掘孩子潜能的多样性**

对于孩子潜能的挖掘涉及到孩子身心的各个方面，这就需要家长能够突出重点。同时，家长需要注意，想让孩子得到更为全面的发展，挖掘其潜能的重点是精神和品德，而不宜以智力为中心。

★**尊重孩子的想法**

有句俗话说："脑子越运用越灵，胆量越锻炼越大。"有的孩子活泼可爱，有的孩子胆小怕事，有的孩子落落大方，有的孩子扭扭捏捏。之所以会有如此不同，其实这都和父母的教育是分不开的。孩子的最初就像一张纯白的纸，要想让孩子的潜力得以充分挖掘，就必须让他们多想，不要扰乱他的思路，对他尽量多说"YES"，而不要在他的面前说"NO"，除非他们有重大过错。

童年是孩子想象力最丰富的时期，而丰富的想象力又是他们进行探索和创新的基础，所以父母们一定要注意对孩子想象力的激发和保护。比如，当我们和孩子做游戏的时候，就要避免对他们指手画脚，要让他们自己去掌控这个游戏，只有这样才能充分发挥他们的想象空间，让他们玩得尽兴、快乐。

★**积极培养孩子的创造性思维**

培养孩子多问，并且是打破沙锅问到底的习惯，父母应努力表现出兴趣，一起跟孩子探讨、研究、寻找答案，这样就能激发孩子的求知欲，而孩子不断探索的求知欲就是创造力的前提。因此，对于孩子探索性的活动和行为，父母一定不要阻止，只要在安全范围内，就都可以被允许。还有，就是不要对孩子的"稀奇古怪"的想法表示不屑，而要非常感兴趣地鼓励孩子讲下去，这样一来，孩子的创造性思维就得到了有效的呵护和提高。

★**帮助孩子发展智力技能**

包括观察技能、注意技能、想象技能、记忆技能、思维技能等在内的这些技能都属于智力技能的范畴，它是指大脑内部活动的方式。要想发掘和培养孩子的这些技能，作为父母，我们就要尽可能丰富孩子的课余生活，并从中去发现孩子的特长。

把孩子的每一个进步都看在眼里

著名教育家魏书生曾经说过："在犯错误的孩子面前，困难的不是批评，不是指责，而是找出他的长处；只有找到了长处，才算找到错误的克星，才能帮他找到战胜错误的信心。"

这句话旨在告诉我们，要想让孩子改正和避免错误，我们得先从表扬孩子入手。

俗话说得好："良言一句三冬暖"。对成年人尚且如此，何况对于一个世界观、价值观尚未形成的孩子？可以说，喜欢被表扬是孩子的显著心理特点，而且被表扬之后，下次犯错误的概率会相应减少。

那么，我们该在什么时候对孩子进行表扬呢？只是在他们取得光彩夺目、显而易见的成绩的时候吗？其实，那些在萌芽状态刚刚初露端倪的优点，更需要我们去肯定和赞美。

比如，当有一天孩子忽然早早起床，约爸爸或者妈妈出去锻炼身体；当孩子把自己心爱的食物留一份给父母；当孩子学着收拾房间，把地板打扫得很干净的时候……

这时父母都不要吝惜自己的夸赞。孩子会从这些夸赞里感受到被欣赏的快乐，从而产生成就感，也更加自信。

因此，细心的朋友，请多留心你的孩子吧，他们的心灵是最单纯，也是最执著的，当某一天我们发现了孩子在某一方面有个良好的开端，就赶紧给予真诚的赞美吧。这将影响孩子的一生，使他们终生受益。

多年前，徐振是个初中一年级的学生，学习成绩一般。

那天，期末考试的成绩下来了，徐振拿着分数通知单，看着"第二十名"的字样，然后又看来看同桌"第一名"的字样，心里很难过。

回到家后，徐振问妈妈："妈妈，我是不是比别人笨呀？你看，我和我同桌每天一起上课，一样认真地写作业，可是为什么我们每次考试都比不过他呢？"

妈妈听了儿子的话，微微一笑，抚摸着儿子的头，温柔地说："你已经比以前进步了，以后会越来越好的。"

到了第二学期的时候，徐振比上一次前进了5个名次，而他的同桌还是第一名。

看着这次的成绩，徐振还是想不通，又向妈妈问了同样的问题："我是不是比别人笨？我觉得我和同桌一样听老师的话，一样认真地做作业，可是，为什么我考第十五名，而她考第一名？"妈妈还是像上次那样说："你比上学期又进步了，以后会越来越好的！"

徐振初中毕业了，虽然他的成绩还是和同桌有一定距离，但这个距离已经越来越小了，因为徐振的成绩已经到了前十名。

升入初二后，徐振仍旧努力学习，进步虽然很慢，但一直在进步。他的妈妈也一直鼓励他："你比上学期又进步了，以后会越来越好的！"

直到参加中考，徐振以全班第五名的成绩升入了一所重点高中。而到了高中之后，他经过一番努力，已经成为了全校的尖子生，3年过后，他以优异的成绩考入了清华大学。

徐振的进步是很小，但是他毕竟进步了，徐振的妈妈把孩子的一点点进步都看在了眼里，并及时给予表扬和肯定，致使徐振最后取得了大成功。

其实，大人都喜欢听表扬的话，何况孩子，好孩子是夸出来的。孩子的成长不是一朝一夕的事情，一个优点和一个好的习惯的形成需要一个很长的过程。

美国哈佛大学心理学教授艾瑞克逊指出：对于学龄期的孩子，勤奋进取与自卑自贬是其成长中必经的发展矛盾。当孩子顺利发展时，他将具有求学、做事、待人的基本能力。否则将缺乏生活基本能力，充满失败感，而且会使以后的成人生活同样充满彷徨迷失，缺乏目标。因此，作为父母，要学会夸奖自己的孩子，学会夸奖孩子的每一个进步。

夸奖的言辞在父母来讲也许显得微不足道，但是对于孩子来讲，那却是至高的荣誉。因此，我们要学会欣赏我们的孩子，即使他的进步微小。因此，当孩子在学习和生活中取得进步，哪怕是很小的进步，作为父母，我们都应该说："我觉得你比以前进步多了，妈妈相信你，只要继续努力，一定会越来越好的。"当孩子做事的成效不明显时，不要打击孩子的积极性，要对他说："你每天都在进步，别着急，会好起来的！"

另外，在生活中，父母多肯定孩子的点滴进步其实是在帮孩子巩固他们的好的行为，更是在帮他们形成良好的习惯。

★让孩子不断地获得成功的体验

在生活和学习构成中，孩子们都会遇到这样那样的挫折和失败，如果孩子的失败体验过多，往往造成其对自己的能力产生怀疑。这样下去孩子就会变得缺乏信心，不敢尝试新鲜事物。

因此,父母应根据孩子发展特点和个体差异,提出适合其水平的任务和要求,确立一个适当的目标,使其经过努力就能完成。比如,让孩子跳一跳,想办法把花篮取下来;或者给她一盆水,让她把自己的小手绢洗干净。父母要有意识地让孩子在家里承担一定的任务,在完成任务的过程中可以培养孩子的大胆和自信。

★要给孩子及时的表扬

孩子对自己的认知大多来自于周围人的评价,尤其是父母的评价。教育学家告诉我们:"孩子的每一个好的行动都应受到鼓励,哪怕他做得不到位。但如果要让赞美发挥最大的效用,就应该在最令人满意的结果出现后的短暂时间内提供奖励或表扬,让他知道自己的好的言行是有价值的,是值得继续做下去的。他也会因为这些好的言行而获得应有的信誉,这是光荣的,令人高兴的。但如果时间拖得太久,表扬的作用也会随之淡化、减弱或消失。"由此可见,父母们要在孩子做出一件值得表扬的事后及时予以鼓励。

比如说,孩子吃饭时没有把米粒弄到地板和餐桌上,他把自己的床铺整理得很整洁等等,父母都要立即肯定、表扬他们的这些微小的进步。这样,孩子会认为父母时时刻刻都在关注着他的成长与进步。当他们意识到因为自己表现得很好而得到父母对他的注意时,他们就会尽量表现得更好以得到父母更多的赞美与肯定。

★表扬应对事,而不应对人

之所以给孩子表扬,是因为家长希望让孩子明白哪一些行为是好的,以增强孩子的好行为。所以表扬最重要的原则就是:要针对孩子对某一件事付出的努力,取得的效果,而不要针对孩子的性格和本人。

比如,当孩子把自己的小短裤洗干净后,父母如果说"你真是个好孩子",这样孩子会感到很茫然,因为这令他搞不清楚是父母表扬他不要把衣服穿脏，还是赞扬他洗的衣服很干净。而此时如果父母对孩子说，"你自己都可以洗衣服了，而且洗得很干净，以后妈妈就可以少花些力气了。真是得谢谢你。"

这样说，孩子才会明白他的这种行为是被父母认可的，以后还会这样做，逐渐形成良好的卫生习惯。

★欣赏孩子的与众不同

没有谁可以拥有预测孩子未来的"先见之明"，包括孩子的父母，所以任何时候，父母都要去发现自己孩子的与众不同，给他们一个可以自由呼吸的空间，不要以一个高姿态评论家的身份来拿捏孩子的兴趣爱好是否与他们自身"门当户对"，在不公正的言辞里，孩子最容易迷失自己，所以请不要随便给孩子的兴趣打"叉"，因为他们正在成长，他们还有无限的潜力。

学会善待孩子的不足

作为父母，我们大多有这样的经历，在教育孩子们的时候，往往并不会得到孩子们的理解，有的孩子还会产生逆反心理，还有的孩子甚至当面顶撞，这是什么原因造成的呢？其实，家庭教育观念至关重要。

每一位家长都希望自己的孩子是个优秀的孩子，但是往往有的家长急于求成，对于孩子的不足不去好好理解，反而一味地强硬要求，这在家庭教育中是一个失败的典型。

殷晓艳是一个10岁男孩的妈妈，可是她并没有很多父母谈论起孩子时的那种兴奋和幸福,而是每当说起孩子的时候,她都几乎失声哭泣。

这是为什么呢?

原来,她的儿子郭斌是班里有名的捣蛋鬼,不是上课讲话被老师罚站,就是作业做不好挨老师批评,或者和同学打架。更让殷晓艳担忧的是,儿子居然有几次偷偷拿了同学的东西。

这在殷晓艳看来,儿子的行为就是偷窃,她无论如何也想不出自己竟然有这样一个道德败坏的孩子。一时间,殷晓艳感觉天都要塌下来了。

现在,他们母子之间经常出现这样的对话:"今天,老师说你又犯错误了,你是不是……"

"我没有!"郭斌总是本能地否认。

然后,母子两个都没了好心情。

每当接到老师的告状,殷晓艳就气急败坏地回家教训儿子,越说越来气,想到一次次骂了不见效,有时候急起来就打,打完了觉得自己很失败,又恨儿子不争气,她就和儿子一起哭。殷晓艳苦恼地说:"为了让儿子不像现在这样,我什么办法都试过了,可是都没有效果。本来我对孩子祈望很高,可现在……我都快要绝望了。"

殷晓艳是一位行政干部,管理着单位里大大小小十几号人,还要三天两头协调处理群众之间的大小纠纷。一直以来,殷晓艳都很注重自己的形象,在单位里对自己要求很高,做工作总力求尽善尽美,对待别人热情周到,有烦恼和委屈尽量不表露在脸上。因此,她时常觉得工作累,压力大。有时候会把工作中的烦恼情绪带回家,回家后,看见儿子写字潦草,或在学校又犯了错误,她就更烦躁,忍不住就冲儿子发火,而且她也承认,自己几乎没有肯定过儿子。

其实,做家长的都希望自己的孩子是一个优秀的孩子,但是在管教孩子的时候,所采用的方法就很重要了。家长管教孩子的方法会影响孩子的一生。不当的责骂，会在不知不觉中伤害孩子，家长应该学会自我控制，不能将怒气全都发泄在孩子身上。每个孩子都或多或少地存在着一些缺点和不足，家长们要正确对待这类孩子身上存在的缺点，要善待缺点，循序渐进。家长们应该有一颗宽容之心，应善待孩子们的不足，想方设法帮助他们改正。不要总是揪住他的缺点不放，孩子们都是有逆反心理的。这样就会导致他们的弱点被逐渐强化，从而对家长的教育产生逆反心理。家长们应放大孩子的优点，以赞扬的方式帮助孩子改正缺点，进而端正孩子的人生态度。

做家长的，最欣慰的是看到孩子表现优良，最痛心的莫过于看到孩子做错事。面对孩子的缺点和错误，不少家长会严厉批评和指责孩子，他们不知道，孩子是充满稚气、心智还未成熟的，此时他们不仅需要父母恰如其分的批评，更需要用亲切的语气、慈爱的态度、中肯的话语来善待他们。只有这样，他们才会有勇气直面错误，并想办法改正错误。

一位哲人曾说过："天空收容每一片云彩，不论其美丑，故天空广阔无比；高山收容每一块岩石，不论其大小，故高山雄伟壮观；大海收容每一朵浪花，不论其清浊，故大海浩瀚无比。"孩子有了不足，家长的心胸就要像天空和大海一样，善待他们的不足，否则过于严厉，就会给孩子造成永久的心灵创伤。

当孩子们犯了错的时候，不应过分地去批评、指责，应该用友善的态度对待，才能使孩子们改正他们的不足。家长们要在批评孩子的同时，要先表扬孩子的优点，再指出孩子的不足，最后再提出要求，并鼓励其改正错误和向自己的要求努力，这样，孩子们就比较容易接受。孩子们有了缺点，应该及时用疏导的方法教育引导，逐渐使他们摒弃自己的不足。还有，在公众场合，家长应该用手势或眼神来提醒孩子，不要当众批评，不要给孩子留下心理阴影或者伤害孩子的自尊，这样会使教育效果适得其反。

★别信奉"成绩唯一论"

我们不要因为孩子考试成绩上不去就全盘否定孩子，甚至把许多与学习毫不相干的事情都与他们的不好的成绩挂上钩，这种做法不但不能激励孩子上进，反而会产生很多负面效果。

其实，孩子的成绩落后并不意味着他的能力差，现在的社会需要各种各样的人才。只要有能力，每个孩子都有希望在社会上立足，并成就一番事业。

有自卑感的孩子评价自己，在做事情的时候，首先就认为自己不行。就越来越没有信心，甚至破罐子破摔。为了克服自卑心理，为了树立自信心，要时刻告诉孩子"你能行"，成绩只是一方面，并不能涵盖一个人的全部，对于孩子的成绩不要非常的计较，要让孩子相信"天生我材必有用"。

★戒除比较心理

家长爱比较也容易造成孩子自卑。有些家长总是拿自己的孩子与他人比较。

可能在父母看来，通过比较可以刺激孩子，进而激发孩子的上进心。岂不知，这会对孩子心理造成极大的伤害。

每个孩子都有自尊心，为了这份自尊，他们会追求上进，追求别人的赞美。也因此，他们对自己都有一定的期望值，当达不到时，他们也会感到沮丧，这时，如果父母还要拿孩子的短处与他人的长处进行比较，就好比往孩子的伤口上撒盐，会让孩子越发觉得自己没用。

所以说，做父母的，不能仅仅从自己认为的角度去做"对孩子好的事"，而应该多关心孩子的心灵，放低标准，给孩子减压。

★适当降低对孩子的要求

有些时候，并不是孩子笨，而是家长对孩子要求过高，使得孩子很难实现父母的愿望，进而让孩子时时处处被批评被指责。久而久之，孩子在做事情的时候，往往就会在潜意识里先否定自己：我本来就是很笨的，这个事情我肯定干不好，别人也不会喜欢我的，我一直处于失败之中。

因此，父母不可以对孩子定下过高的目标，也不要奢求孩子能完美地做好每一件事，从而让孩子产生强烈的挫败感。要想让孩子达到远大目标，就必须先给他确定容易达到的目标，然后难度一点点加大，目标一步步提高。并在这个过程中一点点肯定他，鼓励他，从而一点点地增强他的自信心。这样，孩子很容易从自己的行为中获得满足和动力，人也会变得越来越自信。